Mahmoud Fazaa
Abdelsalam Draz

Conceção inteligente de germoplasmas de arroz

Mahmoud Fazaa
Abdelsalam Draz

Conceção inteligente de germoplasmas de arroz

como modelo para desenvolver variedades de clima inteligente

ScienciaScripts

Cover image: www.ingimage.com

This book is a translation from the original published under ISBN 978-620-7-64139-0.

Publisher:
Sciencia Scripts
is a trademark of
Dodo Books Indian Ocean Ltd. and OmniScriptum S.R.L publishing group

120 High Road, East Finchley, London, N2 9ED, United Kingdom
Str. Armeneasca 28/1, office 1, Chisinau MD-2012, Republic of Moldova, Europe
Printed at: see last page
ISBN: 978-620-7-66966-0

RECONHECIMENTO

Tem sido uma viagem de aprendizagem, crescimento e exploração, possível graças aos contributos de muitos. Este reconhecimento é uma expressão da minha profunda gratidão a todos aqueles que desempenharam um papel fundamental na realização deste projeto e na procura de soluções ao longo de 20 anos de trabalho.

Dr. Abdel-Salam Draz, *a sua paciência, o seu encorajamento e os seus padrões rigorosos levaram-me a superar as minhas expectativas e incutiram em mim uma compreensão e uma apreciação mais profundas da investigação científica. A sua orientação tem sido uma luz que me guia e, por isso, estou-lhe eternamente grato.*

Estou igualmente grato aos membros da instituição Rice Department no RRTC, pelo seu apoio e por proporcionarem um ambiente que fomenta a curiosidade e a inovação na investigação. A sua disponibilidade para partilhar conhecimentos e dar conselhos foi fundamental para o meu desenvolvimento. Uma nota especial de apreço vai para os meus pares e colegas investigadores, que têm sido colaboradores no sentido mais verdadeiro. As suas perspectivas e críticas enriqueceram este projeto, tornando-o um esforço coletivo e não uma busca individual. Devo reconhecer as contribuições das instituições, organizações e comunidades internacionais da Rice, cujos recursos e participação foram cruciais para os aspectos empíricos desta investigação. A sua cooperação e abertura para se envolverem na minha missão acrescentaram dados inestimáveis e autenticidade a este projeto.

Os meus sinceros agradecimentos à minha bela esposa, à minha adorável filha **Nabah** *e, especialmente, ao meu brilhante filho* **Youssef** *por me inspirarem a ser inovador na procura de soluções para este projeto.*

Por último, tenho um profundo apreço pelos meus amigos **Adel** *e* **Bahaa** *por todo o incentivo e apoio que recebi deles.*

Obrigado a todos por tornarem este projeto possível de uma forma tão significativa.
Mahmoud Fazaa março, 6th 2024
Egipto

Uma conceção inteligente da integração de informações baseadas em sequências, juntamente com muitas camadas adicionais de informações genéticas, genómicas e fenotípicas, ajudará os cientistas a explorar o significado biológico da diversidade de sequências e, com a compreensão desta diversidade, ajudará a transformar o conceito de trabalho de um banco de genes de um armazém onde as sementes são diligentemente mantidas, mas evolutivamente congeladas no tempo, para o de uma arena vibrante de investigação e descoberta, onde o germoplasma de diversos materiais é ativamente orientado e dirigido pelos cientistas do banco de genes. Assim, podem fornecer ferramentas e conhecimentos para desenvolver um sistema inteligente de alterações climáticas que possa dar um novo fôlego à cultura científica dos bancos de genes, transformando o que era visto como um esforço mundano para armazenar sementes numa câmara frigorífica numa área de investigação intelectualmente desafiante, cientificamente rigorosa e internacionalmente competitiva que atrai jovens cientistas visionários para produzir novas linhas de arroz adaptáveis a todas as facetas das alterações climáticas que facilitarão a agricultura sustentável.

Dr. Mahmoud Fazaa

Prof. Dr. Abdel-Salam Draz

Doutor em Genética Investigação Chefe do Banco de Germoplasma de Arroz Departamento de Melhoramento de Plantas,

Centro de Investigação e Formação em Arroz, Centro de Investigação Agrícola, Egipto. m_fazaa_omar@yahoo.com

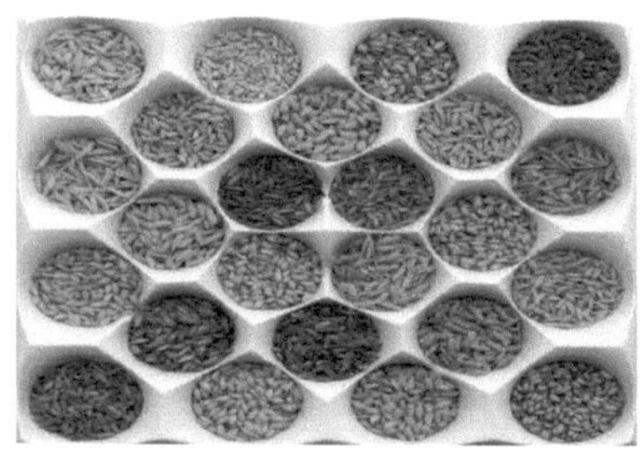

ÍNDICE

PREFÁCIO

Os esforços de melhoramento das variedades de arroz começaram em 1917, o progresso sucessivo no melhoramento das variedades durante os últimos 100 anos foi o resultado do início de uma investigação sistemática de melhoramento (1917 - 1934), durante este período o Ministério da Agricultura do Egipto importou amostras de 250 variedades de arroz de diferentes partes do mundo, como Espanha, Itália, EUA, Japão, China e Índia. Nessa altura, a avaliação do rendimento mostrou que as variedades da subespécie Japonica eram mais produtivas no Egipto do que as das subespécies Indica e Javanica.

A partir dessa altura, a ideia de Stock Genético (**Germoplasma de Arroz**) tornou-se realidade e todos os anos os criadores de arroz recolhem variedades - linhas - germoplasma para serem adicionados ao Stock Genético de Arroz do Egipto. Ao longo dos anos, o germoplasma de arroz incluiu espécies cultivadas, Oryza nivara, Oryza glaberrima e Oryza sativa, que têm diferentes subespécies japonica, indica e javanica, cuja importância é a seguinte

1- Fornecer programas de melhoramento com diferentes doadores para características de alto rendimento, valor nutricional, stress biótico e abiótico com genes mais económicos.

2- Diversificar o fundo genético e alargar o património genético para desenvolver cultivares e genótipos recolhidos pertencentes a diferentes ecossistemas para estudos posteriores e utilização em todo o mundo.

E 3- As adesões que foram recolhidas de diferentes ecossistemas em vários países estão a ser cultivadas, caracterizadas e mantidas.

É essencial para nós no Egipto manter a coleção de germoplasma de arroz, estamos envolvidos com diferentes instituições internacionais que contribuem com materiais e actividades como:

1- (INGER) Rede Internacional de Avaliação e Utilização Genética do Arroz, localizada no IRRI, Filipinas, este programa contém 95 países que cultivam arroz em todo o mundo em 5 conteúdos. O Centro de Investigação e Formação em Arroz (RRTC) representa o Egipto neste programa desde 1975 até agora, participando em todas as actividades e recebendo materiais genéticos e viveiros que representam diferentes linhas de arroz de diferentes ecossistemas todos os anos, sendo estas linhas avaliadas e utilizadas em programas de melhoramento todos os anos. **O Prof. Dr. Abdel-Salam Ebaid Draz** foi o coordenador deste programa até 2021.

O programa de melhoramento do arroz no Centro de Investigação e Formação do Arroz (**RRTC**) através da Rede Internacional de Genética e Avaliação do

Arroz (**INGER**), sediada no IRRI, facilitou a transferência de muitas características económicas para os materiais locais através de programas de melhoramento e da biotecnologia. A recolha de germoplasma de arroz, a conservação de variedades tradicionais e melhoradas e a utilização partilhada da coleção de germoplasma têm servido bem as actividades de melhoramento e investigação do arroz e contribuído significativamente para a melhoria dos recursos genéticos no Egipto.

2- Consórcio de Investigação do Arroz Temperado (TRRC): Este programa foi iniciado em 2012 na Coreia do Sul, centrando-se no arroz temperado Japonica. Cinco países formam um Stream Committee como o Japão, o Egipto, a Coreia do Sul, a Itália e a Turquia para melhorar a capacidade de rendimento, a qualidade do grão, a resistência à explosão e a tolerância ao frio, dos cinco países, foram seleccionados cinco coordenadores de cada país.

3- Africa Rice Center: localizado na Costa do Marfim, todos os países africanos que cultivam arroz são membros e o nosso tipo de cooperação centra-se principalmente no intercâmbio de materiais de arroz e de jovens cientistas com o Níger e o Senegal e o nosso principal objetivo de cooperação com programas de investigação é desenvolver novas variedades de arroz sustentáveis em diferentes ambientes.

4- Programa do Mar Mediterrâneo: localizado na região do Mar Mediterrâneo, Espanha, Grécia e Itália, que inclui o Egipto, para o intercâmbio de materiais de arroz e visitas científicas.

5- Cooperação nacional: O programa de investigação do arroz está ligado a diferentes faculdades de agricultura, para formação e fornecimento de materiais e desenvolvimento de linhas. Estamos dispostos a cooperar e a fornecer materiais e peritos a qualquer programa nacional.

Os recursos genéticos do arroz, que têm sido utilizados eficazmente para desenvolver genótipos adaptados com muitos traços económicos relativos ao rendimento e à resistência a stresses bióticos e abióticos, classificaram ~ 5000 acessos de arroz caracterizados desde a plântula até à colheita, estimando mais de 30 traços morfológicos e moleculares para todos os materiais de arroz, o que constitui um progresso benéfico que pode ser utilizado para desenvolver e produzir variedades e híbridos de arroz com clima inteligente, adaptáveis às alterações climáticas e a diferentes nichos ecológicos.

O melhoramento eficaz das variedades de arroz egípcio e das linhas promissoras assenta, em grande medida, no conhecimento derivado da biodiversidade genética dos recursos de germoplasma que são utilizados nos programas de melhoramento. A biodiversidade genética do arroz é considerada como a base do melhoramento genético do arroz e a descoberta de conhecimentos de múltiplas facetas sobre a diversidade genética do arroz, desde o fenótipo à molécula, o que é essencial para a conservação efectiva, a utilização e o fornecimento de genes favoráveis e de germoplasma valioso no melhoramento do arroz.

Os recursos fitogenéticos para a alimentação e a agricultura (PGRFA) são material genético de origem vegetal com valor real ou potencial para a alimentação e a agricultura. Incluem as cultivares modernas, as linhas de reprodução, as reservas genéticas, as cultivares antigas, os ecotipos, as variedades dos agricultores/raças autóctones e as raças infestantes, bem como os parentes selvagens das culturas e as espécies selvagens colhidas para fins alimentares.

A conservação dos PGRFA tem por objetivo manter a biodiversidade genética entre e dentro das espécies vegetais de valor real ou potencial para a alimentação e a agricultura. As estratégias de conservação incluem a salvaguarda destes recursos nos seus habitats naturais (conservação in situ), a sua gestão nas explorações agrícolas (ou seja, o cultivo de uma gama diversificada de espécies e variedades de culturas, incluindo variedades e variedades autóctones dos agricultores, bem como a conservação de acessos ou amostras em bancos de genes (conservação ex situ), como é o caso do banco de genes de arroz, que tem cerca de 5000 acessos que abrangem todos os ecotipos e subespécies em condições egípcias.

Os bancos de genes em todo o mundo possuem colecções de uma vasta gama de PGRFA, com o objetivo geral de conservar germoplasma a (longo - médio - curto) prazo e torná-lo acessível a criadores de plantas, investigadores e outros utilizadores. Esta forma de conservação envolve a aquisição, o armazenamento, a caraterização, a avaliação, a regeneração, a duplicação de segurança e a documentação. Uma colaboração eficiente entre os conservadores de bancos de genes, os criadores e os decisores políticos é essencial para o êxito dos esforços de conservação dos PGRFA. Os decisores políticos salientaram a necessidade de integrar os dados e conhecimentos da investigação ex situ, in situ e nas explorações agrícolas de uma forma mais coerente e estruturada.

Caracterizar e avaliar a variação das plantas é crucial para a estimativa da sua vulnerabilidade às alterações climáticas. A caraterização do germoplasma de plantas é a descrição de caracteres altamente hereditários, enquanto a avaliação é o estudo de características de resposta ambiental e avalia o desempenho agronómico da cultura. A avaliação requer a análise de dados agronómicos obtidos através de ensaios experimentais adequadamente concebidos. Tanto a caraterização como a avaliação utilizam listas de descritores de culturas, como as desenvolvidas pela Biodiversity. A estabilidade da produção num clima imprevisível e variável pode ser mantida através da plasticidade fenotípica, a diversidade dentro da população (por exemplo, a presença de características que conferem diretamente resistência a stresses bióticos ou abióticos). Os stresses a que as plantas adaptadas ao clima têm de resistir podem incluir a seca, o calor, a geada, a salinidade, a submersão e a incidência elevada de pragas e doenças.

Os programas de investigação e melhoramento do arroz no Egipto centram-se na gestão de PGRFA para a adaptação às alterações climáticas e no aumento da diversidade de variedades nos sistemas de produção, para aumentar a sua resiliência aos impactos climáticos através da escolha de variedades mais bem adaptadas aos climas em diferentes locais e ambientes, que podem ser cultivadas para contribuir para a manutenção dos rendimentos.

O acesso ao intercâmbio de PGRFA através do Sistema de Banco de Genes Resilientes desempenha um papel importante na capacidade de adaptação dos agricultores às alterações climáticas. O Sistema de Banco de Genes Resiliente é uma metodologia baseada na experiência da Biodiversity International na gestão de PGRFA que ajuda os agricultores a adaptarem-se aos efeitos das alterações climáticas. Os efeitos das alterações climáticas estão a aumentar a pressão sobre a agricultura e a tornar mais difícil a conservação das culturas mais importantes do mundo, o que significa que a regeneração contínua do material genético é mais importante do que nunca. À medida que as alterações climáticas trazem condições extremas a mais partes do mundo, os pedidos de utilização das poupanças mantidas nos bancos de genes de culturas estão a evoluir.

O banco de genes é um repositório onde o material biológico é recolhido, armazenado, catalogado e disponibilizado para redistribuição e produção de novas linhas e variedades adaptáveis às alterações climáticas. Contribui também para a segurança alimentar através da manutenção de um património genético diversificado sob a forma de variedades de culturas e da distribuição de sementes a comunidades altamente afectadas pelas alterações climáticas, secas e carências alimentares crónicas conexas.

Banco de genes para culturas essenciais como o arroz, através de análise situacional e planeamento; seleção de software e preparação de dados; análise das alterações climáticas e identificação de germoplasma; aquisição de germoplasma; testes de campo; produção e distribuição de sementes; conservação de germoplasma; avaliação participativa; e partilha de conhecimentos e comunicação é o principal objetivo para desenvolver um sistema inteligente de alterações climáticas e utilizá-lo para produzir novas linhas de arroz adaptáveis a todas as facetas das alterações climáticas, o que facilitará a agricultura sustentável.

PRIMEIRA PARTE
FENÓMICA DO GERMOPLASMA DE ARROZ

Os recursos fitogenéticos (PGR) conservados em bancos de genes nacionais/internacionais são uma esperança para o futuro da segurança alimentar mundial. Os acessos não caracterizados de uma coleção diversificada de germoplasma podem ser a fonte de características procuradas pelos investigadores e criadores para responder rapidamente a novos tipos ou níveis mais elevados de stress biótico e/ou abiótico induzidos pelas alterações climáticas. Neste momento, o Tratado Internacional sobre Recursos Fitogenéticos para a Alimentação e a Agricultura (ITPGRFA) fornece o mecanismo através do qual os bancos de genes internacionais do Grupo Consultivo para a Investigação Agrícola Internacional (CGIAR), um consórcio de centros internacionais de investigação agrícola, partilham a extensa coleção de germoplasma e a conservação ex situ eficaz de 760 467 acessos (a partir de 2019) para uma série de plantas acumuladas ao longo dos anos.

Estas sementes alimentaram os programas de seleção de culturas que conduziram à revolução verde em muitos países em desenvolvimento. Por exemplo, o Banco Internacional de Genes de Arroz (IRG) do Instituto Internacional de Investigação do Arroz (IRRI) conserva a Coleção Mundial de Arroz, composta por 140 000 acessos de arroz diversos, material de reprodução e variedades de elite. Mais de 120 países doaram estes acessos para serem conservados e mantidos para a humanidade. Ao aproveitar esta diversidade genética, o IRRI e os países parceiros desenvolveram variedades de arroz excepcionais, a começar pela IR8, uma variedade semi-anã de elevado rendimento denominada "arroz milagroso", que evitou potenciais situações de fome.

Apesar dos sucessos do passado, a necessidade de investigação sobre a caraterização e utilização dos recursos genéticos continua a ser elevada devido aos sérios desafios das alterações climáticas e, não menos importante, devido aos factores demográficos, de utilização dos solos e socioeconómicos previstos. A adaptação do arroz às alterações climáticas e a outros imperativos terá de acompanhar o ritmo da mudança. No entanto, os actuais ciclos de melhoramento não podem responder a novas restrições à produção vegetal que pressupõem a estabilidade de outros parâmetros críticos.

Por exemplo, continua a existir o grave paradoxo de o CO_2 elevado aumentar a eficiência da fotossíntese, conduzindo potencialmente a um aumento do rendimento, mas afectando negativamente a qualidade nutricional dos cereais de base, dos tubérculos e também dos produtos hortícolas. Além disso, prevê-se que a temperatura elevada concomitante conduza a uma redução do rendimento devido a efeitos desfavoráveis no desenvolvimento do pólen e no metabolismo do amido. A temperatura elevada também acelera a taxa de crescimento de pragas de insectos prejudiciais às culturas, como a broca amarela do caule. O aumento do aparecimento de tais pragas, que rapidamente se tornam críticas, pode ocorrer em prazos muito mais curtos do que os ciclos de criação de variedades. No entanto, para algumas culturas, como o milho e o trigo, a alteração das abordagens de gestão das culturas pode ser suficiente para corrigir as perdas de rendimento induzidas pelas alterações climáticas. Do mesmo modo, a alteração da frequência dos fenómenos meteorológicos, em especial dos tufões, na fase tardia de maturação das sementes, pode criar condições favoráveis a danos na cultura do arroz através da germinação pré-colheita (PHS) e, durante as inundações, a disponibilidade de arsénio do solo para as plantas aumenta, causando uma redução de 39% no rendimento do grão de arroz. A frequência e a gravidade de tais inundações tornaram-se cada vez mais imprevisíveis devido às alterações climáticas. Estes desafios exigem inovações científicas que promovam condutas de melhoramento rápidas, precisas e económicas para gerar variedades resistentes.

O arroz é uma cultura de base para mais de metade da população mundial e é também rico em recursos genéticos. Além disso, o arroz tem um genoma relativamente pequeno e uma relação estreita com outras grandes culturas de cereais. Estas características levaram a que o seu genoma fosse o primeiro genoma de uma cultura a ser sequenciado. Por conseguinte, os princípios desenvolvidos através da investigação avançada sobre o arroz podem constituir um bom modelo para outras espécies de culturas, em especial as espécies consanguíneas que dispõem de colecções ex situ.

Esta parte tem como objetivo discutir a investigação estratégica avançada que preenche a lacuna entre as colecções dos bancos de genes e os produtos de melhoramento, e recomendar a direção futura e as formas práticas de promover a utilização dos recursos genéticos do arroz para os programas globais de melhoramento do arroz.

1. 1. Expansão da investigação sobre conservação ex situ

A erosão genética, a perda de alelos ou genes da diversidade genética, pode ocorrer quando a deriva genética resulta em frequências elevadas de variantes genéticas não adaptativas e também sob seleção natural em condições com alterações significativas no ambiente de crescimento das plantas. Os programas modernos de melhoramento genético, muito centrados num pequeno número de características importantes da atualidade, podem também contribuir para a erosão genética.

Os bancos de genes mantêm colecções ex situ para reduzir essa erosão genética. A investigação em conservação é uma atividade fundamental para prever, monitorizar e gerir a longevidade das sementes das colecções ex situ. A investigação em conservação pode também beneficiar os agricultores em termos de segurança das sementes. Na maioria dos casos, nos países em desenvolvimento, os lotes de sementes dos agricultores são armazenados em condições ambientais, o que deixa a viabilidade e o vigor das sementes vulneráveis ao aumento da frequência de tempo quente e húmido devido às alterações climáticas. Um menor vigor das sementes pode resultar num fraco estabelecimento das culturas em sementeira direta, e ainda mais severamente em ambientes de culturas desfavoráveis, como a seca.

Ao determinar a longevidade das sementes dos acessos do banco de genes, o germoplasma dador com elevada longevidade das sementes pode ser selecionado e utilizado para o trabalho de melhoramento que aumenta a longevidade das sementes de variedades de culturas populares. Sasaki et al. referiram que qLG-9, o locus de traços quantitativos (QTL) que confere uma longevidade de sementes pronunciada, foi introduzido com êxito em Nipponbare, uma das variedades de arroz japonica temperada mais populares no Japão. Num futuro próximo, são necessários mais esforços para aumentar a longevidade das sementes de outras variedades de arroz de elite. Outro aspeto da expansão da investigação de conservação para aplicações de melhoramento é o facto de a dormência das sementes ser uma caraterística crítica tanto para a gestão dos parentes selvagens das culturas mantidos no banco de genes como para o desenvolvimento de variedades de culturas resistentes ao clima. Para garantir o sucesso da regeneração dos parentes silvestres das culturas, é necessária uma investigação biológica intensiva para uma melhor compreensão dos mecanismos de dormência das sementes, bem como para o desenvolvimento de protocolos de quebra de dormência específicos para cada espécie. Em contraste, as variedades de culturas modernas tendem a ter uma dormência fraca causada pela domesticação de antepassados selvagens. A investigação a montante sobre os aspectos fisiológicos e genéticos da dormência das sementes poderia ser uma parte da solução para uma melhor gestão dos parentes selvagens, bem como para melhorar as variedades de culturas modernas.

1.2. Pré-seleção para acelerar a investigação de PGR

A diversidade genética conservada nos bancos de genes contém alelos úteis que poderiam conferir características desejáveis, incluindo as que permitiriam a adaptação às rápidas alterações climáticas, bem como a mudanças de paradigma no valor das culturas, por exemplo, o consumo devido a propriedades promotoras de saúde. Os bancos de genes estão em boa posição para observar vários fenótipos de plantas/sementes durante as operações de rotina, como a regeneração de sementes ou o controlo da viabilidade das sementes. Algumas características subjacentes a estes fenótipos são únicas e potencialmente importantes para as futuras perspectivas de melhoramento. Por exemplo, no domínio da investigação sobre culturas-pecuária, uma elevada biomassa vegetal é uma caraterística desejável para melhorar a produtividade das culturas cerealíferas para utilização forrageira.

No caso do arroz, o National Institute of Crop Science (NICS) da Coreia do Sul introduziu o germoplasma do banco de germoplasma do IRRI e desenvolveu variedades de elevada produção de biomassa com múltiplas resistências a doenças e insectos. Para os gestores de bancos de germoplasma, não é difícil encontrar os acessos com uma biomassa excecional durante a regeneração e a caraterização no terreno de um painel de culturas diversificado. O stay-green (SG) é outro traço promissor que é facilmente avaliado no campo de regeneração. A SG mantém a cor verde das folhas com elevada capacidade de fotossíntese até à fase final de enchimento do grão, especialmente em condições de seca e de stress térmico, e assegura o rendimento do grão. Por conseguinte, esta caraterística é potencialmente importante em futuros programas de melhoramento para desenvolver variedades de culturas inteligentes em termos climáticos. Embora a SG seja mais informativa em tais situações de stress, observámos que a temperatura ambiente nas fases tardias de maturação vegetativa e das sementes aumentou durante os últimos anos e que houve grandes variações na SG, o que nos permitiu selecionar alguns acessos com uma SG elevada. A obtenção de imagens multiespectrais, através da utilização de um instrumento como o Video-meter, é uma abordagem rápida e robusta, útil para a gestão de acessos de bancos de genes.

Esta técnica não destrutiva pode medir vários fenótipos de sementes, por exemplo, o tamanho, a forma e a cor das sementes em poucos segundos. Também pode efetuar testes de pureza das sementes para comparar as sementes regeneradas com as sementes originais. A partilha de informações básicas sobre os fenótipos das sementes através do sítio Web do banco de genes seria útil para os utilizadores de sementes escolherem os acessos certos com base nos seus objectivos. A imagem multiespectral, como a obtida pelo Video-meter, é muito útil também em programas de investigação de culturas mais saudáveis. Em comparação com os ensaios bioquímicos convencionais, que exigem custos operacionais e de mão de obra dispendiosos, bem como a destruição de muitas sementes, a análise de imagens multiespectrais pode fornecer dados fiáveis de características baseadas na cor com um custo mínimo. Alguns institutos avançados estão equipados com sistemas automatizados de fenotipagem para avaliar características agronómicas fundamentais, como o vigor das plântulas em ambientes controlados. Os bancos de genes do CGIAR também utilizam sistemas de automatização, como o analisador Germination SC, para melhorar a precisão e a eficiência da monitorização da viabilidade das sementes de lotes recém-colhidos ou armazenados em câmaras frigoríficas. Enquanto conta o número total de sementes germinadas, bem como mede a uniformidade da germinação (indicando o vigor da semente), o software de análise de imagem pode medir características adicionais da semente/plântula, por exemplo, o comprimento da raiz primária e a área das raízes secundárias/terciárias, que são informações muito úteis para os utilizadores de sementes. Em condições de seca, as plantas tolerantes tendem a produzir raízes profundas na fase inicial da plântula, o que aumenta a eficiência da absorção de água e nutrientes. Por outro lado, em solos deficientes em fósforo ou zinco, o rápido desenvolvimento de raízes em coroa e o enraizamento superficial concentrado em regiões ricas em nutrientes são mecanismos-chave de tolerância. A fenotipagem de alto rendimento baseada em veículos aéreos não tripulados (UAV) é a forma mais promissora de selecionar um grande número de acessos, de forma eficiente e eficaz. Um único operador com um UAV e um software de análise de imagens aéreas pode cobrir todo o terreno. Em 10 minutos para a operação do UAV por hectare mais 1 hora para a análise de imagens, é possível obter a caraterização de várias características agronómicas, como a cor das folhas, a altura das plantas, a biomassa e a época de floração. Esta nova tecnologia pode reduzir significativamente os custos de mão de obra em comparação com os métodos manuais de fenotipagem que exigem muito tempo e esforço dos operadores dos bancos de genes. Para além da caraterização das plantas, as imagens aéreas fornecem informações úteis para a gestão dos riscos no terreno. Por exemplo, a cor pálida das folhas (indicando deficiência de azoto), o enrolamento das folhas (como resposta à seca), o crescimento de ervas daninhas, a infeção por doenças e o acamamento podem ser monitorizados e podem ser tomadas as medidas necessárias. Além disso, as câmaras de alto desempenho que captam imagens multiespectrais e térmicas podem determinar os indicadores de tolerância ao stress em condições de alta temperatura, seca ou salinidade. No âmbito do reforço das capacidades, o IRRI elaborou um manual sobre a fenotipagem por

UAV e organizou também cursos de formação para os países parceiros. Yang et al. fazem uma análise exaustiva da fenómica de alto rendimento, desde o ambiente controlado até aos sistemas de campo; todas estas abordagens beneficiarão a caraterização de diversos recursos genéticos. Os métodos de elevado rendimento acima referidos são tecnologias em amadurecimento e prometem alargar consideravelmente o âmbito da fenotipagem do germoplasma dos bancos de genes. No entanto, a análise de dados de imagem e de outros dados obtidos a partir da fenotipagem de elevado rendimento exige uma computação de elevado desempenho e/ou soluções baseadas na nuvem. A aplicação de novas abordagens baseadas na aprendizagem automática (ML) e na IA facilitará a extração de características e parâmetros que podem servir como novos traços ou substitutos de medições classicamente obtidas à mão. Combinado com o aumento dos dados genómicos, como argumentaremos a seguir, este requisito exige um módulo dedicado ao armazenamento de dados para um banco de genes moderno e digital. Por conseguinte, os acessos do banco de genes com elevada densidade de raízes secundárias/terciárias poderiam ser utilizados para a investigação sobre a tolerância à deficiência de nutrientes nas culturas. A fenotipagem de alto rendimento baseada em veículos aéreos não tripulados (UAV) é a forma mais promissora de selecionar um grande número de acessos, de forma eficiente e eficaz. Um único operador com um UAV e um software de análise de imagens aéreas pode cobrir todo o terreno. Em 10 minutos para a operação do UAV por hectare mais 1 hora para a análise de imagens, é possível obter a caraterização de várias características agronómicas, como a cor das folhas, a altura das plantas, a biomassa e a época de floração. Esta nova tecnologia pode reduzir significativamente a mão de obra e os custos em comparação com os métodos manuais de fenotipagem que exigem muito tempo e esforço dos operadores dos bancos de genes. Para além da caraterização das plantas, as imagens aéreas fornecem informações úteis para a gestão dos riscos no terreno. Por exemplo, a cor pálida das folhas (indicando deficiência de azoto), o enrolamento das folhas (como resposta à seca), o crescimento de ervas daninhas, a infeção por doenças e o acamamento podem ser monitorizados e podem ser tomadas as medidas necessárias. Além disso, as câmaras de elevado desempenho que captam imagens multiespectrais e térmicas podem determinar os indicadores de tolerância ao stress em condições de temperatura elevada, seca ou salinidade.

No âmbito do reforço das capacidades, o IRRI elaborou um manual sobre a fenotipagem por UAV e organizou também cursos de formação para os países parceiros. Yang et al. apresentam uma análise exaustiva da fenómica de alto rendimento, desde o ambiente controlado até aos sistemas de campo; todas estas abordagens beneficiarão a caraterização de diversos recursos genéticos.

Os métodos de alto rendimento acima referidos são tecnologias em fase de maturação e prometem alargar consideravelmente o âmbito da fenotipagem do germoplasma dos bancos de genes. No entanto, a análise de dados relativos a imagens e outros dados obtidos a partir da fenotipagem de elevado rendimento exige uma computação de elevado desempenho e/ou soluções baseadas na nuvem.

A aplicação de novas abordagens baseadas na aprendizagem automática (ML) e na IA facilitará a extração de características e parâmetros que podem servir como novos traços ou substitutos de medições classicamente obtidas à mão. Combinado com o aumento dos dados genómicos, como argumentaremos a seguir, este requisito exige um módulo dedicado ao armazenamento de dados para um banco de genes moderno e digital.

1.3. Banco digital de genes de arroz para uma investigação revolucionária

Os bancos de genes têm a obrigação inata de disponibilizar a coleção de germoplasma e as informações de identificação que a acompanham para distribuição aos utilizadores. As estratégias que promovem a utilização de acessos de bancos de genes podem compensar o elevado custo da recolha e conservação de germoplasma. Embora a diversidade genética conservada nos bancos de genes contenha a maior parte dos recursos necessários para fazer face às limitações actuais e, potencialmente, futuras da produção vegetal, é necessário que os investigadores procedam a uma análise exaustiva da coleção de germoplasma para detetar várias características em múltiplos ensaios, o que é ineficaz e simplesmente impossível.

Uma abordagem promissora para reduzir o tempo e o trabalho de escolha do conjunto de acessos mais adequado para objectivos de investigação específicos consiste em fornecer aos utilizadores de sementes os dados de genótipo/sequenciação. Com base na informação alélica na região específica de interesse, por exemplo, o locus Sub1 no cromossoma 9 do arroz que confere tolerância à submersão, os utilizadores podem restringir a lista de germoplasma de que necessitam para a sua investigação, reduzindo assim significativamente os custos de avaliação e acelerando o processo de descoberta.

Os métodos avançados de genotipagem, como a sequenciação de nova geração (NGS), evoluíram através dos projectos do genoma humano e tornaram-se aplicáveis à investigação genética das culturas. Entre as espécies cultivadas, a investigação sobre o arroz beneficiou grandemente destas tecnologias de sequenciação e assumiu a liderança na informática das culturas com o apoio da comunidade internacional do arroz, incluindo o sistema CGIAR e os países doadores. McCouch et al. forneceram a matriz de arroz de alta densidade (HDRA), composta por 700 000 polimorfismos de nucleótido único (SNP) dos 1593 acessos de arroz existentes nos bancos de genes.

Este primeiro conjunto de dados foi altamente eficiente para reforçar a investigação genética para estudos de associação alargada do genoma (GWAS), permitindo aos investigadores descobrir rapidamente novos loci/genes associados a características desejadas, como o tamanho do grão, a qualidade de cozedura, o ângulo do cone da raiz, a salinidade e a tolerância à deficiência de Zn. Uma vez validados os loci identificados, os investigadores podem facilmente escolher os materiais de banco de genes correctos com base na presença de marcadores genéticos específicos associados às características pretendidas. Com o apoio financeiro da Fundação Bill e Melinda Gates e do Ministério da Ciência e Tecnologia da China, o Projeto 3000 Genomas do Arroz sequenciou 3010 acessos de arroz diversos, representando 15 subgrupos derivados dos grupos principais indica, aus e japonica, e descobriu mais de 18 milhões de SNP. Todos os dados genotípicos com dados fenotípicos de apoio gerados através dos projectos HDRA e 3K estão disponíveis publicamente para que os utilizadores de sementes em todo o mundo possam solicitar germoplasma ao IRG, com base em informações de sequenciação. Em 31 de maio de 2020, 768 estudos citavam o trabalho relacionado ao SNP-Seek ou ao HDRA.

Este trabalho foi em grande parte possível devido à disponibilidade de múltiplas ferramentas de software desenvolvidas na comunidade bioinformática global. A descoberta de variantes é possível graças aos avanços nos algoritmos e às suas implementações eficientes em software como o BWA, SAMtools, Picard Toolkit, Genome Analysis Toolkit e outros. É necessário um apoio contínuo ao desenvolvimento e ajustamento de ferramentas para que se possa continuar a desenvolver a descoberta de variações nas sequências.

Apesar destas realizações bem sucedidas, tornou-se cada vez mais claro que, para os dados NGS de grandes populações, as abordagens padrão de descoberta de variantes não conseguem captar toda a variação útil quando se utiliza apenas um genoma de referência. Inevitavelmente, regiões genómicas grandes e potencialmente úteis, específicas da população e do indivíduo, ficam por explorar quando se utiliza apenas um genoma de referência.

Quando se utiliza um genoma de referência específico de um ecótipo, obtém-se uma imagem mais completa da variação, incluindo as variantes em falta num único genoma de referência. No caso do arroz, os genomas de referência de três variedades populares: Minghui 63, Zhenshan 97B e Nipponbare foram obtidos nos últimos anos e, atualmente, existem genomas de referência representativos de cada uma das 15 subpopulações descobertas através do conjunto de dados 3K. Espera-se que a variação genómica descoberta a partir destes genomas de referência seja mais completa e mais exacta, uma vez que um genoma de referência mais próximo tem um conteúdo de sequência mais semelhante em termos de SNPs específicos da população, inserções/deleções, bem como duplicações e outras variações do número de cópias. Também se torna cada vez mais claro, a partir de estudos pan-genómicos, que um genoma de referência linear não é uma estrutura de dados suficientemente boa para representar os dados da população.

Para poder identificar com precisão as variantes e representar num conjunto de dados a variação proveniente de linhagens divergentes, é necessária uma estrutura gráfica. Esta é uma área de investigação ativa, que já foi utilizada no gado e na soja. Andy Jones, da Universidade de Liverpool, com colaboradores do Instituto Europeu de Bioinformática (EMBL-EBI), da Universidade do Estado do Oregon, da Universidade do Arizona e do IRRI.

Estes progressos efectuados nos últimos anos trouxeram uma maior confiança na utilização de dados genotípicos para melhorar as variedades de arroz de elite. Um banco digital de genes de arroz através da colaboração entre o IRRI e parceiros nos EUA, Arábia Saudita e China tem como objetivo gerar dados de sequenciação em profundidade (mais do dobro da profundidade de cobertura obtida no conjunto de dados 3K) utilizando um conjunto adicional de mais de 10.000 acessos de arroz. Esta expansão da análise de sequências a um conjunto maior de germoplasma permite-nos possivelmente descobrir mais subpopulações existentes na natureza, o que leva a gerar mais genomas de referência para futuros estudos genéticos. Além disso, a análise pan-Oryza pode produzir modelos genéticos mais precisos que podem substituir os modelos genéticos simples atualmente disponíveis nas bases de dados do projeto de anotação do arroz. A maior profundidade e cobertura de germoplasma diverso num banco de genes digital permitirá a descoberta de variantes alélicas raras que podem aumentar a precisão e a eficiência no melhoramento do arroz para melhorar as características desejadas num futuro próximo. A existência de dados de elevada cobertura numa fração significativa do banco de germoplasma permitirá que os restantes acessos sejam sequenciados a profundidades inferiores, seguindo-se a imputação nas subpopulações da diversidade genética para prever os estados alélicos em falta. Além disso, estão em curso trabalhos para melhorar a qualidade e completar os genomas de referência para as restantes espécies. Estão disponíveis dados de re-sequenciação de populações (como 3K, mas mais pequenos) para Oryza glaberrima e O. rufipogon (~400 acessos), e estes recursos continuarão a aumentar. As análises comparativas da diversidade genómica facilitarão a compreensão da evolução do género e a sua adaptação a diferentes ecologias e a diversas condições. O acesso a compilações de referência de alta qualidade em toda a Oryza selvagem permitirá uma exploração mais profunda destes recursos e a descoberta de novos genes e alelos que se perderam no arroz domesticado, possibilitando a sua utilização para o melhoramento do arroz cultivado. Um requisito essencial para o êxito de projectos de sequenciação em grande escala é a criação de uma infraestrutura eficiente de armazenamento e processamento de dados. O armazenamento de grandes quantidades de dados de sequências num sistema tradicional de gestão de bases de dados relacionais (RDBMS) conduz a uma ineficiência na recuperação de dados, uma vez que não existe um suporte natural para consultas rápidas de subconjuntos regionais e de amostras. As soluções para este problema podem ser múltiplas, desde formatos de ficheiros personalizados que armazenam dados de sequências em forma de matriz, passando por formatos especializados como HDF5 ou NetCDF que armazenam dados baseados em matrizes, até bases de dados avançadas.

Atualmente, no arroz temos a base de dados SNP-Seek que utiliza uma arquitetura híbrida de armazenamento de dados (dados de variação em ficheiros HDF5, e fenótipo e metadados em BD relacional), com algumas formas dos dados (ficheiros BAM e VCF em bruto) disponíveis pro bono através da plataforma Amazon Web Services. Além disso, recentemente a Google disponibilizou a análise de variantes do projeto 3K no domínio público, acessível através da base de dados BigQuery, permitindo um acesso eficiente e consultas avançadas para utilizadores avançados.

Espera-se que soluções como esta sejam utilizadas juntamente com bancos de genes digitais ou como parte integrante destes, à medida que o número de sequências aumenta, podendo tornar-se indispensáveis para espécies com genomas de grandes dimensões. Para os dados de imagem e os dados fenotípicos derivados, não parece haver ainda uma solução padrão, mas os exemplos experimentados na comunidade incluem o CropSight, o BreedBase, o IAP (Integrated Analysis Platform), utilizando tanto bases de dados relacionais (MariaDB no CropSight) como bases de dados NoSQL (como o MongoDB no IAP); ver também PhenoImage.

Assim, vemos um banco de genes totalmente digitalizado como um sistema que inclui vários componentes ou módulos, centrados em torno de um módulo de armazenamento e processamento de dados, incluindo módulos de ingestão de dados fenotípicos, e uma interface web rica que permite aos utilizadores interagir com os dados e extrair associações genótipo-fenótipo utilizando uma plataforma interna ou externa para análise estatística e baseada em ML.

1.4. Divulgação de informações para uma melhor utilização dos recursos genéticos

O requisito mais importante para a partilha de benefícios dos recursos genéticos vegetais é o acesso dos utilizadores à informação sobre os recursos genéticos existentes nas colecções. Para aumentar a acessibilidade, as comunidades agrícolas mundiais desenvolveram várias bases de dados públicas que fornecem dados de passaporte, fenotípicos e genotípicos sobre a diversidade das culturas armazenadas em bancos de genes de todo o mundo.

O Genesys contém informações sobre milhões de acessos localizados em mais de 450 institutos. Oferece uma função de pesquisa rápida que permite aos utilizadores verem simultaneamente a informação de centenas de acessos com um único filtro e depois solicitarem facilmente sementes através do sistema. Para integrar e reutilizar todos os dados agronómicos, socioeconómicos e digitais do sistema CGIAR com os parceiros, foi lançada a plataforma Big Data. A Rede Global de Inovação e Aceleração de Dados de Investigação Agrícola (GARDIAN), o principal sistema de recolha de dados do CGIAR, fornece uma enorme quantidade de informações provenientes de mais de 170 000 publicações e 27 000 conjuntos de dados. Para garantir a integridade e a acessibilidade a vários dados de investigação sobre o arroz, o IRRI implementou várias actividades de Big Data. Estas incluem o desenvolvimento de bases de dados que etiquetam conjuntos de dados com culturas de arroz e outros descritores de ontologia, e termos AGROVOC e GACS (The Global Agricultural Concept Scheme). O AGROVOC é um vocabulário controlado que abrange todas as áreas de interesse da Organização das Nações Unidas para a Alimentação e a Agricultura (FAO), ao passo que o GACS (The Global Agricultural Concept Scheme) constitui um centro de conceitos relacionados com a agricultura, em várias línguas, para utilização em dados ligados.

Estão a ser desenvolvidos outros esforços para criar bases de dados para fenótipos de alto rendimento baseados em UAV e aplicações SIG.

SEGUNDA PARTE

GENÓMICA DO GERMOPLASMA DE ARROZ

Os bancos de genes de culturas existem para conservar a diversidade genética das plantas cultivadas e silvestres de que os seres humanos dependem para obter alimentos, fibras e combustível. Essa diversidade é essencial para melhorar a produtividade agrícola, a sustentabilidade e a qualidade nutricional das culturas face às alterações climáticas, às pragas, às doenças e às preferências dos consumidores. Coletivamente, existem mais de 7 milhões de acessos de germoplasma de plantas alojados em cerca de 1750 bancos de genes nacionais e internacionais (FAO, 2010). Fazem parte de um esforço mundial para conservar, caraterizar e utilizar a diversidade biológica das plantas para resolver problemas de importância global.

A variação natural, que evoluiu ao longo de milhões de anos, fornece os blocos de construção essenciais para as formas conscientes e inconscientes de seleção de plantas. Todos os avanços no melhoramento são construídos com base na diversidade disponível, e um dos principais papéis de um banco de genes é ajudar a salvaguardar as formas naturais de variação genética, de modo a que, mesmo que se percam dos ambientes naturais e dos campos dos agricultores, permaneçam prontamente acessíveis a biólogos de plantas, melhoradores e outros utilizadores-chave.

Os bancos de genes conservam amostras vivas, principalmente sob a forma de sementes, em que cada amostra, ou acesso, representa uma combinação distinta de genes e alelos que conferem diferentes atributos e potencial adaptativo. Estas colecções ex situ são complementadas por esforços de conservação in situ. A conservação in situ envolve a criação de parques nacionais e reservas naturais para proteger os povoamentos de parentes selvagens das culturas e esforços para apoiar os agricultores tradicionais que mantêm a diversidade de variedades autóctones adaptadas localmente. Estes materiais albergam frequentemente formas únicas de diversidade, sob a forma de alelos raros ou combinações de alelos invulgares, que podem fornecer pistas importantes sobre a adaptação.

Paradoxalmente, o sucesso dos esforços modernos de melhoramento genético tendeu a corroer a diversidade encontrada nos campos dos agricultores, porque um número relativamente pequeno de variedades geneticamente uniformes e de alto rendimento das principais espécies de culturas substituiu frequentemente a manta de retalhos de variedades autóctones heterogéneas e localmente adaptadas que outrora caracterizavam a paisagem agrícola. Nos últimos 60 anos, as pessoas tornaram-se cada vez mais conscientes das implicações da erosão genética em termos do seu impacto na sustentabilidade ambiental e agrícola (Ford-Lloyd et al., 2008). A redução do número de espécies e do nível de variação intra-específica de que depende o abastecimento alimentar humano significa que as culturas são mais vulneráveis a padrões climáticos imprevisíveis, a epidemias de pragas e doenças e a flutuações nos mercados globais, que afectam diretamente a disponibilidade de alimentos básicos para os seres humanos.

A capacidade de responder construtivamente a estas situações exige um acesso contínuo a uma vasta gama de novas formas de variação genética. Várias das maiores colecções de germoplasma do mundo, disponíveis ao público, foram colocadas sob os auspícios da Organização das Nações Unidas para a Alimentação e a Agricultura (FAO) em 1994, como parte de uma rede internacional de colecções ex situ.

Em 2007, foram colocados sob a alçada do Tratado Internacional sobre os Recursos Fitogenéticos para a Alimentação e a Agricultura. Estes bancos de genes internacionais concentram-se em cerca de 20 das culturas alimentares de base mais consumidas no mundo

(Hawtin et al., 2011) e, idealmente, são complementares ao sistema de colecções nacionais de germoplasma que existe na maioria dos países. Ao longo das últimas décadas, os bancos de genes têm recolhido um grande número de amostras, com o objetivo de representar a vasta gama de diversidade existente numa espécie ou num grupo genético primário.

Juntamente com a recolha, esforçam-se por obter informação fiável "passaporte" sobre a origem ou fonte dessas amostras, conservar reservas viáveis de sementes representativas de cada amostra e distribuir sementes saudáveis aos utilizadores, mediante pedido. Estas actividades têm colocado enormes desafios, e alguns bancos de genes têm sido capazes de os enfrentar melhor do que outros. O funcionamento bem sucedido de um banco de genes exige uma gestão financeira e administrativa cuidadosa, associada a um conhecimento técnico, científico e biológico de ponta de cada espécie, para garantir uma conservação de alta qualidade dos materiais genéticos.

Muitos bancos de genes têm dificuldade em garantir a integridade genética, a identidade e/ou a viabilidade das suas reservas de sementes e, embora recolham e armazenem as sementes, são muitas vezes incapazes de testar e manter a viabilidade, caraterizar, propagar ou distribuir as sementes de forma fiável (FAO, 2010). Mesmo nos bancos de genes mais bem geridos, as decisões de gestão baseiam-se muitas vezes mais na intuição do que na razão, devido a uma caraterização inadequada do germoplasma das suas colecções.

Foram desenvolvidas normas específicas para as culturas acordadas internacionalmente (Biodiversity International, 2007 ,2011), mas estas centram-se na caraterização fenotípica de um número limitado de características que são altamente hereditárias e simples de avaliar, uma vez que esta tem sido a única abordagem que permite a caraterização de colecções inteiras.

A caraterização baseada no ADN, que é 100% hereditário, pode ser considerada como o dado "perfeito" para a gestão do banco de genes, mas a tecnologia simplesmente não existe nem para efetuar nem para interpretar dados abrangentes de caraterização genética. Os bancos de genes mais avançados têm sido capazes de realizar uma caraterização genética limitada, normalmente envolvendo o uso de marcadores seleccionados para subconjuntos seleccionados de acessos. Ocasionalmente, foi efectuada a caraterização genética de toda uma coleção (por exemplo, a coleção holandesa de alface caracterizada com três combinações de primers AFLP: van Hintum, 2003), ou uma amostra de acessos foi caracterizada em maior profundidade (por exemplo, 3000 acessos de arroz foram caracterizados com 17 marcadores de uma amostra de 17 marcadores), 3000 acessos de arroz foram caracterizados em 17 loci de isozima (Glaszmann,1987), 20 562 acessos de arroz foram caracterizados em 20 loci de isozima (Khush et al., 2003), 413 acessos caracterizados em 44 000 loci de polimorfismo de nucleótido único (SNP) (Zhao et al., 2011)), 20 variedades de arroz caracterizadas em 160 000 loci de SNP (McNally et al., 2009), e 50 variedades caracterizadas em 6,5 M de loci de SNP (Xu et al., 2011).

No entanto, nunca se procedeu a uma caraterização molecular exaustiva de todo o genoma de uma coleção inteira.

Para além da necessidade dos gestores de bancos de genes de gerir as suas colecções e de facilitar a sua utilização por terceiros, a avaliação fenotípica de características de importância agronómica apresenta um constrangimento ainda mais grave. Como descrito abaixo, a avaliação exaustiva de colecções inteiras simplesmente não é uma proposta viável e tem sido considerada fora da responsabilidade dos gestores de bancos de genes (Ebert et al., 2010).

Consequentemente, existe muito pouca informação disponível sobre a avaliação fenotípica dos acessos nos bancos de genes. Os dados de características em bases de dados como o Genesys (Genesys, 2011) incluem sobretudo dados de caraterização e não de avaliação, e mesmo os dados de avaliação não são registados de forma adequada para uma avaliação exaustiva da interação genótipo × ambiente ou do desempenho específico do ambiente.

Isto torna difícil responder eficazmente aos pedidos de informação relevantes para os objectivos de melhoramento. Os recentes avanços na tecnologia de sequenciação oferecem novas oportunidades aos bancos de genes para se tornarem mais eficientes, rentáveis e informativos nas suas transacções como colectores, conservadores e fornecedores de germoplasma e informação.

A informação genómica pode ser rapidamente gerada sobre um grande número de acessos de uma forma rentável, fornecendo novos conhecimentos valiosos sobre a identidade, ascendência e potencial genético e fenotípico de explorações individuais, e esta informação pode ajudar a melhorar a forma como os bancos de genes funcionam.

A investigação inovadora numa série de bancos de genes avançados abriu caminho a um maior investimento na análise genética baseada em sequências a uma escala global (por exemplo, McGregor et al., 2002 ; van Hintum e van Treuren 2002 ; Borner et al., 2005 ; Spooner et al., 2005 ; van de Wiel et al., 2010 ; van Treuren et al., 2010). Embora o poder e o custo das novas tecnologias tenham atingido um nível em que podemos começar a contemplar a genotipagem de rotina de todo o genoma ou a sequenciação de colecções inteiras, há uma necessidade urgente de desenvolver estratégias e protocolos para gerir tanto o germoplasma sequenciado como a informação da sequenciação de uma forma racional e produtiva.

Algumas das questões que têm de ser abordadas incluem a forma de avaliar a variação dentro de cada acesso (particularmente em espécies de polinização cruzada); como armazenar e distribuir reservas especializadas de sementes, amostras de ADN e de tecidos; e que tipos de bases de dados de acesso remoto são necessários para garantir a integridade, segurança e acessibilidade da informação de genotipagem e fenotipagem, para que possa ser facilmente consultada e utilizada por utilizadores em todo o mundo.

A integração sistemática de informação baseada em sequências nos bancos de genes, juntamente com muitos outros níveis de informação genética, genómica e fenotípica, ajudará os cientistas a explorar o significado biológico da diversidade de sequências.

A procura de compreensão desta diversidade ajudará a transformar o conceito de trabalho de um banco de genes de um "armazém", onde as sementes são diligentemente mantidas mas evolutivamente congeladas no tempo, para o de um centro vibrante de investigação e descoberta onde o potencial genético de diversos materiais é ativamente investigado.

Atualmente, os bancos de genes gerem tanto os recursos genéticos como a informação sobre esses recursos. As suas actividades podem ser classificadas em três áreas gerais (FAO, 1996):

(1) Recolha e conservação (incluindo a multiplicação de sementes);

(2) documentação, caraterização e avaliação;

(3) distribuição e divulgação. Programas activos de investigação orientados para a genómica, dirigidos por cientistas de bancos de genes, podem fornecer

instrumentos e conhecimentos que melhorem a eficiência e a rentabilidade dos três domínios de atividade, levando a uma maior sensibilização do público e da comunidade científica para o papel que os bancos de genes desempenham no desenvolvimento de soluções sustentáveis e ecologicamente correctas para muitos dos problemas mais importantes do mundo.

Além disso, o florescimento de tais programas pode dar um novo fôlego à cultura científica dos bancos de genes, transformando o que era visto como um esforço mundano para armazenar sementes numa câmara frigorífica numa área de investigação intelectualmente estimulante, cientificamente rigorosa e internacionalmente competitiva que atrai jovens cientistas visionários.

Neste livro, discutimos as formas pelas quais a investigação genómica pode aumentar a eficiência e a relação custo-eficácia das operações tradicionais dos bancos de genes e como pode inspirar os bancos de genes a assumir novas actividades destinadas a mobilizar um maior interesse e conhecimento do valor das suas explorações. Destacamos oportunidades interessantes que estão a levar os bancos de genes para novos domínios de investigação, com o objetivo de descobrir e, eventualmente, fazer previsões sobre o potencial genético e o valor de reprodução do material atualmente subutilizado nos bancos de genes, particularmente os parentes selvagens das culturas e os acessos de variedades exóticas. Os nossos exemplos centram-se sobretudo no arroz, ilustrando a forma como a investigação baseada na genómica está a ser integrada no banco de genes do Instituto Internacional de Investigação do Arroz (IRRI)
actividades em colaboração com cientistas de todo o mundo.

O IRRI está atualmente a trabalhar com parceiros no âmbito do Consórcio RiceSNP (http://www.ricesnp.org) para gerar genótipos de alta qualidade em vários milhares de acessos de arroz utilizando matrizes SNP de alta densidade, e iniciou um projeto em colaboração com o BGI-Shenzhen e a Academia Chinesa de Ciências Agrícolas (CAAS) na China para estratégias de re-sequenciação multiplex para 10000 acessos de arroz (http://en.genomics.cn/navigation/show_news.action?newsContent.id=8952). Ambos os projectos estão organizados no âmbito do Tema 1 da Parceria Global para a Ciência do Arroz (http://www.grisp.net).

Um dos objectivos é determinar uma abordagem rentável para avaliar a extensão da variação incorporada no banco de genes do IRRI. Os dados serão utilizados para classificar o grau de semelhança genética entre os acessos, bem como a diversidade no interior dos mesmos, para fornecer informações sobre a estrutura e mistura das populações, para classificar potenciais duplicados e para identificar novidades genéticas. Estes dados proporcionarão a primeira visão global, ao nível do haplótipo, da diversidade genética alojada no banco de genes do IRRI, e os conjuntos de dados serão suficientes para apoiar decisões racionais sobre a melhor forma de gerir e utilizar a coleção.

2.1. O arroz como modelo para outras culturas

O arroz (Oryza sativa L.), a primeira cultura a ter o seu genoma completamente sequenciado (IRGSP, 2005), tem um repertório completo de recursos genéticos, genómicos e de germoplasma e é um componente crítico da segurança alimentar para milhões de pessoas. Por estas razões, e devido ao interesse ativo por parte da comunidade internacional de investigação do arroz, o arroz oferece um bom modelo para examinar a forma como grandes volumes de informação sobre sequências de ADN de milhares de acessos a bancos de genes poderão ter impacto na forma como os bancos de genes funcionam, como a informação e os materiais genéticos são fornecidos aos utilizadores e como os investigadores colaboram com os cientistas dos bancos de genes para explorar o valor dos seus acervos no futuro.

Em certa medida, os princípios que estão a ser desenvolvidos para o arroz também se aplicam a outras culturas. Todos os bancos de genes de culturas enfrentam desafios semelhantes, que podem ser enfrentados mais eficazmente quando apoiados por informações sobre a diversidade genómica. Dada a rápida evolução da tecnologia de sequenciação mais rápida e barata (http://www.genome.gov/sequencingcosts/), a genotipagem de um grande número de amostras é agora viável e económica para praticamente todas as espécies, com ou sem um genoma de referência, embora os poliplóides e as espécies de polinização cruzada ainda apresentem desafios especiais (van Hintum et al., 2007 ; Metzker, 2010).

Dadas as tendências actuais em termos de custo e eficiência, é provável que a análise baseada em sequências se torne uma rotina como ponto de partida para abordar questões biológicas fundamentais numa vasta gama de espécies. A genotipagem de baixa cobertura, a genotipagem por sequenciação (GBS) (Baird et al., 2008 ; Elshire et al., 2011) e outras estratégias de genotipagem mais direccionadas identificam um grande número de polimorfismos e podem ser muito úteis para caraterizar a diversidade encontrada em populações naturais de espécies selvagens e cultivadas. No entanto, as grandes quantidades de dados que são tão facilmente geradas por abordagens de re-sequenciação impõem encargos significativos para a análise de dados e podem representar um fardo demasiado grande para bancos de genes com poucos recursos. O advento de esforços de anotação baseados na comunidade, como o crowdsourcing, oferece um meio de aliviar este ónus, recorrendo a conhecimentos especializados combinados para a anotação. Os custos associados à contratação de pessoal formado, à utilização intensiva de recursos informáticos, à capacidade de armazenamento de dados e às ferramentas de análise devem ser tidos em conta em qualquer cálculo dos benefícios decorrentes do acesso a capacidades de sequenciação de baixo custo.

2.2. As novas tecnologias

As plataformas de sequenciação de segunda geração produzem milhões de leituras de sequência curta, normalmente com 25 a 400 pb de comprimento, e podem fazê-lo em múltiplos genomas simultaneamente. A captura maciça de dados associada à sequenciação de nova geração (NGS) tem um certo custo em termos de qualidade dos dados em comparação com a sequenciação Sanger, mas a perda de qualidade é geralmente compensada pela cobertura profunda. As plataformas de terceira geração utilizam a sequenciação de moléculas únicas sem necessidade de amplificação do ADN e produzem leituras relativamente longas (> 1 kb) em tempo real (Eid et al., 2009). A NGS é atualmente a abordagem de sequenciação de alto rendimento mais amplamente disponível e foi adaptada para utilização com bibliotecas de representação reduzida sob a forma de sequenciação de ADN genómico associado a sítios de restrição (ou seja, etiquetas RAD) (Baird et al., 2008), genotipagem por sequenciação (GBS) (Elshire et al., 2011) e outras abordagens de baixa cobertura que dependem fortemente da imputação para preencher os dados em falta (Huang et al., 2009). Em ambos os casos, as leituras de sequências curtas geradas aleatoriamente são geralmente alinhadas com um genoma de referência de elevada qualidade, e os SNP, indels e outros tipos de polimorfismo (por exemplo, variação do número de cópias) são chamados para leituras que podem ser inequivocamente alinhadas com uma região específica na referência. Existem muitos algoritmos diferentes para alinhar sequências de leitura curtas com um genoma de referência, e alguns são mais capazes de alinhar sequências divergentes do que outros (Horner et al., 2010 ; M. H. Wright et al., manuscrito não publicado). Os rápidos avanços na biologia computacional tiram partido da abundância de dados de sequenciação brutos em bases de dados públicas para melhorar a precisão e a eficiência do processo de alinhamento, bem como para fazer novas descobertas sobre o funcionamento e a evolução dos genomas. Nos casos em que não está disponível um genoma de referência, as sequências de leitura curta de diferentes genomas podem ser alinhadas entre si e os SNP podem ser identificados sem se saber a sua localização exacta no genoma de uma espécie (Elshire et al., 2011).
O alinhamento com um genoma de referência permite aos investigadores tirar

partido da anotação do genoma disponível para prever se um SNP se encontra dentro ou perto de um gene de interesse, e se se espera que um SNP genético cause uma alteração funcional no produto proteico (alteração sinónima vs. não sinónima) ou na região promotora, de modo a poder afetar a expressão do gene (Ondov et al., 2008). Esta informação pode ser muito útil para determinar se um determinado SNP é suscetível de ser responsável por um fenótipo de interesse. Mesmo quando os SNP não se inserem em genes, a frequência e a distribuição dos polimorfismos podem ser utilizadas para construir haplótipos e determinar a ancestralidade ou identificar regiões do genoma associadas a características de interesse (Gupta et al., 2001 ; Rafalski, 2002 ; McCouch et al., 2010).

Os poliplóides são particularmente difíceis porque as regiões genéticas são geralmente múltiplas cópias, e é muito difícil distinguir de forma fiável homólogos, genes em tandem, paralogues e outras formas de duplicação de genes dentro de um único genoma (Feuillet et al., 2011 ; Potato Genome Sequencing Consortium, 2011).

Assim, é dada pouca ênfase ao alinhamento de leituras curtas a posições únicas num genoma de referência, e maior ênfase à simples descoberta de regiões de elevada semelhança entre diferentes genomas, para que essas regiões possam ser alinhadas entre si como base para a identificação de SNP. Isto significa que praticamente todos os SNP detectados por re-sequenciação em genomas poliplóides se encontram em regiões génicas. No entanto, existem áreas cinzentas significativas nesses alinhamentos devido à duplicação interna que torna praticamente impossível evitar paralogues, homólogos, variantes do número de cópias e outras sequências repetitivas. As leituras longas associadas à tecnologia de sequenciação de terceira geração (Eid et al., 2009 ;Munroe e Harris, 2010) podem ser parcialmente capazes de aliviar este problema e tornar a re-sequenciação de todo o genoma mais viável para as culturas poliplóides. A disponibilidade de informação genotípica de alta resolução sobre um número cada vez maior de acessos conservados em bancos de genes nos próximos anos irá capacitar os cientistas dos bancos de genes e as comunidades de investigação e de melhoramento de várias formas. Estamos no limiar de uma revolução genómica nos nossos bancos de genes, e é excitante imaginar as muitas formas como os futuros cientistas dos bancos de genes poderão explorar a riqueza da variação genética natural nas suas colecções.

2.3. Implicações para a gestão do banco de genes

Os gestores de bancos de genes enfrentam desafios formidáveis para determinar o que conservar. Dado que não dispõem de recursos ilimitados, têm de limitar a dimensão das suas colecções, conservando, tanto quanto possível, todo o património genético da cultura. Como podem otimizar a composição da sua coleção, assegurando uma representação adequada do património genético e evitando a redundância?

Os gestores de bancos de genes também enfrentam desafios para acompanhar os muitos acessos alojados nas suas colecções, assegurando que a identidade das sementes é mantida e que os pacotes de sementes são etiquetados corretamente. Como podem garantir a integridade genética, especialmente durante a amplificação das sementes, evitando a deriva genética, a seleção inconsciente, a contaminação (fluxo indesejado de pólen, mistura indesejada de lotes de sementes) e erros de rotulagem/manuseamento, e como podem rastrear esses erros para os corrigir ou conter?

Esta parte considera a forma como os dados genómicos fornecerão aos gestores dos bancos de genes novas soluções para estas questões e preocupações e ajudarão a melhorar a qualidade das práticas de conservação dos bancos de genes. A informação genómica será útil em praticamente todas as áreas da gestão de bancos de genes. Em última análise, permitirá uma classificação mais eficaz das colecções, ajudará a estabelecer os limites e a composição dos pools genéticos das culturas, identificará duplicados, fornecerá uma justificação para limitar a dimensão das colecções e facilitará análises detalhadas das lacunas genéticas para orientar futuras aquisições (Jarvis et al., 2003 ; Sackville Hamilton et al., 2003 ; Upadhyaya et al., 2009 ; Ramí rez-Villegas et al., 2010).

Utilização da genómica para classificar amostras, reduzir a redundância e limitar racionalmente a dimensão das colecções - A dimensão das colecções continua a aumentar, frequentemente através da duplicação descontrolada de materiais em diferentes bancos de genes. A FAO (1996) estimou que, dos 6 milhões de acessos conservados em todo o mundo, apenas 1 a 2 milhões eram distintos. Desde então, a FAO (2010) estimou que 1,4 milhões de novos acessos foram adicionados aos bancos de genes, dos quais apenas 240 000 representam materiais recentemente recolhidos. O IRRI, fazendo uma referência cruzada de 223 000 acessos de sete colecções de arroz, verificou que, em média, 30% dos acessos de uma coleção estavam duplicados em pelo menos uma das outras seis colecções (não publicado, dados disponíveis em IRIS, 2011). medida que a sua dimensão aumenta, há uma pressão crescente para reduzir a dimensão das colecções, eliminando os duplicados para reduzir a redundância.

2.4. Como é que as duplicações podem ser identificadas?

Sackville Hamilton et al. (2003) estabeleceram um quadro lógico para reduzir a redundância. Examinaram os diferentes conceitos e definições de duplicação aplicáveis às culturas clonais, às espécies endogâmicas e às espécies endogâmicas, e estabeleceram as condições em que é adequado considerar os acessos como duplicados para cada sistema de melhoramento (e também para a situação inversa, quando dividir acessos heterogéneos). Em termos práticos, os acessos de culturas propagadas por semente devem ser sempre considerados como populações de genótipos em que o nível de heterozigotia e o grau de semelhança genética entre indivíduos de um acesso dependem de factores como o sistema de acasalamento da espécie, o tipo de variedade a conservar, a forma como as sementes foram originalmente colhidas no campo ou num mercado local e a forma como as sementes foram mantidas no banco de genes. A duplicação tem de ser definida e quantificada em termos de variação entre acessos relativamente à variação dentro de acessos.

Até ao advento das mais recentes tecnologias de baixo custo para a caraterização molecular de todo o genoma, era impossível uma racionalização fiável da declaração de duplicados e, exceto no caso de espécies com elevados custos de conservação, a determinação exacta da duplicação genética não era económica. No caso de culturas propagadas clonalmente, como a batata, em que cada acesso representa um único genótipo e em que os custos de conservação mais essenciais são já muito elevados, a avaliação molecular é provavelmente rentável (van Treuren et al., 2004). No entanto, não é simplesmente rentável para a maioria das culturas propagadas por semente, incluindo o arroz, em que os custos de conservação são baixos e o polimorfismo dentro dos acessos é maior.

Por exemplo, não é suficiente demonstrar que dois acessos têm dados de passaporte idênticos, como a partilha de uma origem comum na mesma amostra recolhida no campo de um agricultor; esses duplicados históricos são muitas vezes geneticamente distintos e podem mesmo, devido a erros de curadoria, ser totalmente não representativos da diversidade genética presente no campo do agricultor. Também não é suficiente utilizar os dados de caraterização fenotípica convencionalmente recolhidos pelos bancos de genes.

Estes dados centram-se em características altamente hereditárias pontuadas com baixa precisão num único ambiente, ignorando frequentemente a variação dentro dos acessos, e fornecem fracas métricas de variação dentro ou entre acessos. O custo de uma análise fenotípica que seja suficientemente rigorosa para detetar diferenças quantitativas em culturas propagadas por sementes é extremamente elevado. Mesmo assim, corre-se o risco de perder a diversidade de características não incluídas na fenotipagem e de perder alelos cuja expressão é ocultada por epistasia ou outras interacções gene × gene ou por efeitos epigenéticos.

No caso das culturas de polinização cruzada, como o milho ou as espécies de Brassica, em que as populações representam misturas dinâmicas e complexas de alelos e a regeneração pode ser difícil e dispendiosa, tem sido utilizada uma combinação de dados fenotípicos e de passaporte para reduzir a redundância (van Treuren et al., 2010), mas esta prática seria inaceitável numa cultura endogâmica e facilmente conservada como o arroz. A genotipagem e/ou sequenciação de alto rendimento pode ser utilizada para ajudar a quantificar os níveis de semelhança genética e heterozigotia entre indivíduos dentro de um acesso, bem como entre acessos. Estes dados fornecem um conjunto de critérios objectivos que podem ser utilizados como base para determinar quais são consideradas "amostras duplicadas". São necessários diferentes níveis de resolução para cada espécie, tipo de variedade e questão específica a resolver. Por exemplo, o investimento do Programa GenerationChallenge para caraterizar 2800 acessos de arroz com base em 50 marcadores SSR demonstrou que a cobertura de marcadores moleculares de baixa densidade não era suficiente para distinguir claramente entre acessos de arroz estreitamente relacionados e duplicados (K. L. McNally et al., dados não publicados). Mais recentemente, investigadores do IRRI utilizaram ensaios de 384-SNP para fins de classificação (Thomson et al., 2011), mas nenhum destes ensaios interrogou mais de 0,000001% do genoma do arroz. Assim, dois acessos que parecem ser idênticos para estes marcadores estão quase de certeza intimamente relacionados, mas a resolução dos ensaios foi demasiado baixa para determinar com fiabilidade se as amostras eram verdadeiras duplicatas. Resta determinar que grau de semelhança genética será necessário para considerar duas amostras consanguíneas como duplicadas, e que nível de resolução de marcadores um gestor de banco de genes se sentirá confortável em usar como base para uma decisão sobre a combinação ou eliminação de presumíveis duplicados de uma coleção. Para os acessos conservados como sementes, uma vez que não são duplicados exactos, descartar um deles não é geralmente adequado devido à perda de diversidade resultante. A sua combinação pode ser uma boa opção. No entanto, neste caso, é essencial garantir que é utilizado um critério adequado de duplicação, para assegurar que o aumento resultante da variabilidade dentro da concessão é aceitavelmente pequeno, talvez mesmo desejável para ultrapassar a depressão endogâmica em espécies cruzadas, e não invalida dados anteriores sobre os acessos ou aumenta a dificuldade de manter a sua integridade genética. Uma opção alternativa é "arquivar" um deles. A maior parte dos custos de conservação de acessos de sementes resulta de os manter como "colecções activas" (Koo et al., 2002), o que significa que estão prontamente disponíveis para utilização - exigindo que os bancos de genes invistam na distribuição, testes de germinação e regeneração. O simples armazenamento de uma amostra intacta num congelador de longo prazo pode ser feito a um custo relativamente baixo (Tabela 1). Historicamente, esta abordagem tem sido considerada indesejável porque, por definição, não serão recolhidos mais dados sobre um acesso que tenha sido arquivado e, por conseguinte, não poderá ser reativado antes de as sementes perderem a viabilidade. Se não o utilizarmos, porquê conservá-lo? No entanto, se for arquivado com dados completos de re-sequenciação, teremos alguma informação sobre a qual basear uma decisão futura de o reativar, caso novas questões biológicas e/ou novas tecnologias o tornem valioso para estudos futuros. Além disso, a gestão de "duplicados" através do arquivamento e da reativação pode ser praticada com segurança com uma definição de duplicação mais flexível do que a sua combinação, apresentando assim oportunidades para maiores poupanças. Assim, a genómica pode ajudar a melhorar a eficiência das operações dos bancos de genes e ajudar os gestores a tomar decisões racionais sem sacrificar oportunidades futuras.

Monitorizar a regeneração de stocks de sementes, rastrear amostras e melhorar a eficiência das operações - A rotulagem incorrecta ou a mistura de amostras é um risco em todas as experiências biológicas. Quando são manuseadas muitas amostras, este risco torna-se quase certo, a menos que sejam implementadas normas de controlo de qualidade muito rigorosas. Nos bons bancos de genes, é aplicado todo um conjunto de medidas durante a regeneração para minimizar o problema. Os pacotes de sementes são etiquetados por dentro e por fora; as listas de germoplasma são verificadas de forma independente em relação às etiquetas em todas as etapas do processo, desde a retirada das sementes parentais do banco de genes até ao armazenamento da descendência embalada no banco de genes; as parcelas são plantadas de forma a permitir uma fácil identificação e eliminação de plantas voluntárias; as sementes parentais e descendentes são comparadas visualmente com as amostras originais; os traços fenotípicos observados nas parcelas de regeneração são comparados com dados de caraterização anteriores. No entanto, apesar de todas estas medidas, é impossível ter a certeza de que as sementes da descendência são efetivamente verdadeiras.

As impressões digitais de genotipagem de baixa resolução são, em princípio, suficientes para rastrear as amostras com total garantia de que não haverá rotulagem incorrecta; mesmo um ensaio de 48-SNP pode, teoricamente, distinguir mais de 10 28 variantes. Como nível mínimo de controlo de qualidade, o progenitor e a descendência devem ser genotipados como parte da rotina de regeneração, e a descendência deve ser rejeitada se não corresponder ao progenitor. Experimentalmente, se se verificar que a rotulagem incorrecta é um problema, as sementes e as plantas podem ser genotipadas numa série de etapas-chave da regeneração para determinar as etapas mais problemáticas e, assim, conceber um fluxo de trabalho melhorado.

O aspeto fundamental é assegurar que a impressão digital escolhida permita distinguir sem ambiguidade os acessos cultivados na mesma parcela, tendo em conta a variação dentro da mesma concessão. Os dados de genotipagem ou de sequência de alta resolução podem ser utilizados para otimizar a conceção da impressão digital e para tirar partido de futuros desenvolvimentos nas tecnologias de impressão digital, bastando redesenhar a impressão digital.

Adição de novos acessos às colecções - À medida que o custo da sequenciação for inferior ao custo de aquisição e conservação de novos acessos, serão gerados dados genómicos após a receção de todas as novas amostras, e a informação será utilizada para determinar se devem ser incorporadas na coleção como novos acessos.

Isto assegurará que um banco de genes adquira apenas materiais que tragam uma genuína novidade genética (em termos de novos alelos e, particularmente para acessos clonais, novas combinações de alelos) para a coleção. Como se pode ver na repartição anterior dos custos, estamos agora num ponto em que os dados de re-sequenciação de baixa cobertura de um indivíduo podem ser gerados por menos do que o custo de incorporar uma única amostra de arroz cultivado na coleção. À medida que a eficiência da sequenciação e da genotipagem continua a aumentar, estão a surgir estratégias de agrupamento que nos permitem avaliar múltiplos indivíduos por acesso como base para avaliar a identidade genética e a variação dentro de cada acesso.

Ainda não se sabe qual deve ser o número ótimo de indivíduos por acesso para diferentes espécies e tipos de acesso, mas as novas tecnologias estão a abrir a porta a novos conhecimentos nesta área de investigação. Atualmente, a sequenciação do ADN genómico associado a sítios de restrição (ou seja, etiquetas RAD) (Baird et al., 2008), a genotipagem por sequenciação (GBS) (Elshire et al., 2011), e abordagens relacionadas (Huang et al., 2009) são susceptíveis de se tornarem os métodos de facto para a tomada de decisões sobre a incorporação formal de amostras recém-recebidas como acessos no banco de genes do IRRI.

2.5. Qual será o impacto da genómica no tipo de germoplasma mantido?

A caraterização genética levanta novas questões para a gestão da diversidade genética dentro dos acessos. Os gestores de bancos de genes procuram normalmente conservar os acessos com uma composição genética inalterada em relação à amostra original. Em muitos casos, particularmente no caso de parentes selvagens e variedades tradicionais, isto implica a conservação de populações geneticamente heterogéneas numa forma que é difícil de utilizar para a descoberta de genes. Nas espécies autogâmicas, estes materiais são frequentemente purificados através de uma ou mais rondas de seleção de plantas individuais antes da sequenciação, resultando na criação de uma ou mais reservas genéticas derivadas por acesso.

Foi recomendado que, sempre que possível, se utilizem plantas únicas como fonte de ADN para a sequenciação, e que as sementes derivadas dessas plantas únicas sejam reservadas como "reservas de sementes de referência" (Tung et al., 2010). Isto assegurará que o investimento na sequenciação é acompanhado por um stock de sementes imortais no banco de genes e que qualquer futura re-sequenciação pode ser efectuada em material derivado de linhagem conhecida. Servirá também como fonte de material para a fenotipagem e assegurará que a informação fenotípica possa ser associada à informação da sequência de uma forma significativa.

Conjuntos de referência purificados (core) têm sido feitos a partir de várias colecções de arroz, incluindo as do USDA (Yan et al., 2007), IRRI (K. L. McNally, dados não publicados), NIAS (Kojima et al., 2005 ; Ebana et al., 2008), EMBRAPA (Abadie et al., 2005), e CAS (Huang et al., 2010), entre outras. No entanto, a criação de um novo acesso para cada acesso genotipado tem consequências significativas. O custo do cultivo de cada planta genotipada até à maturidade e da criação de um acesso a partir da descendência teria de ser tido em conta no tempo e no custo da genotipagem; já multiplica várias vezes o custo da genotipagem.

Se cada acesso fosse genotipado segundo a mesma prática, o tamanho da coleção duplicaria, assim como os seus custos de manutenção, embora não fosse conservada qualquer nova diversidade.

Este facto levanta um certo número de questões sobre a gestão destas unidades populacionais depuradas (SGRP, 2011). É necessário desenvolver uma estratégia adequada e aplicá-la com rigor. O custo da genotipagem é agora pequeno em relação à conservação de um acesso durante um ano e ainda menor em relação à adição de um novo acesso à coleção. Isto, por sua vez, é muito mais barato do que a avaliação fenotípica.

Uma estratégia eficaz seria manter a descendência da amostra genotipada como um acesso apenas se o material for utilizado imediatamente para avaliação fenotípica e análises de associação genótipo-fenótipo. Se os dados de genotipagem estiverem a ser recolhidos para apoiar decisões de gestão do banco de genes sem dados de avaliação ou se estiverem a ser recolhidos como ajuda para a futura seleção estratégica de subconjuntos da coleção para avaliação numa data desconhecida, então não haverá justificação económica para criar o acesso adicional.

Além disso, estes painéis de diversidade consanguínea têm algumas limitações óbvias. Oferecem apenas uma visão limitada da variação que estava presente nas variedades autóctones originais ou nos acessos selvagens e não podem aceder à variação críptica escondida nas variedades autóctones agronómicas não adaptadas e nas espécies selvagens. Essa variação só pode ser desmascarada através de cruzamentos e do desenvolvimento da população. Isto gera um conflito entre as necessidades de conservação (conservar a diversidade dentro de cada acesso e entre acessos) e a oportunidade de análise genética/associação (criar informação sobre um subconjunto de linhas puras). O conflito poderia ser resolvido através da conceção de novas abordagens de gestão. As reservas genéticas especializadas, como as linhas purificadas, as populações de mapeamento e as amostras de ADN, são concebidas especificamente para promover uma descoberta mais eficaz dos genes. Mesmo que estas reservas não contenham uma novidade genética única e, por conseguinte, não mereçam uma conservação a longo prazo per se, terão de ser criadas e disponibilizadas, nem que seja a curto prazo, enquanto forem necessárias para a investigação.

Assim, os gestores dos bancos de genes poderiam estabelecer um sistema de dois níveis, distinguindo entre os acessos que merecem conservação a longo prazo e as linhas de conceção ou populações de descoberta criadas para satisfazer necessidades de investigação a curto e médio prazo. As populações de descoberta incluiriam colecções de linhas puras recombinantes (RIL), linhas de introgressão de retrocruzamentos (BIL), linhas de substituição de segmentos cromossómicos (CSSL), linhas de intercruzamento de gerações avançadas multiparentais (MAGIC), populações de treino desenvolvidas para representar diferentes grupos de reprodução, etc. O desenvolvimento, a amplificação, a distribuição e a avaliação destes materiais podem ser efectuados em colaboração com geneticistas, fisiologistas, criadores e gestores de bancos de genes, que partilham o interesse em explorar o potencial genético de recursos genéticos subutilizados e, em última análise, em fazer previsões sobre o valor genético de muitos genes/aléolos novos contidos em variedades tradicionais e espécies selvagens.

2.6. Implicações para a utilização do banco de genes

Talvez o maior desafio enfrentado pelos gestores de bancos de genes seja identificar o conjunto mais adequado de acessos para satisfazer as necessidades dos utilizadores. Cada utilizador tem uma necessidade específica para atingir um objetivo específico de reprodução ou investigação, e o gestor do banco de genes pretende adaptar a seleção de acessos a essas necessidades. Na medida em que um banco de genes pode conduzir a sua própria investigação sobre descoberta de genes, análises de diversidade e pré-melhoramento, o mesmo desafio se aplica para satisfazer as necessidades de investigação do banco de genes. Como pode ser identificado o conjunto mais adequado de acessos para responder a um determinado objetivo de investigação ou melhoramento?

Que abordagens foram utilizadas no passado e como é que a disponibilidade de informações sobre a sequência do genoma completo irá alterar a forma como as recomendações são feitas ou os acessos são seleccionados? Os avanços na genética e na genómica alteraram drasticamente os tipos de questões que estão a ser colocadas em todos os domínios da ciência.

Como é que os novos conhecimentos sobre a variação molecular dos acessos aos bancos de genes terão impacto nos tipos de questões que serão abordadas no futuro utilizando os acessos aos bancos de genes? Como irão os utilizadores interagir com a acumulação progressiva de informação genómica sobre os recursos genéticos alojados em colecções ex situ? O crescente conjunto de informações genómicas terá impacto no tipo de germoplasma a manter nos bancos de genes? Esta secção considera a forma como os dados genómicos proporcionarão aos gestores dos bancos de genes novas oportunidades para melhorar a eficiência, fiabilidade e utilidade das suas respostas aos utilizadores e como alterarão fundamentalmente os tipos de questões de investigação colocadas e o germoplasma utilizado pelos cientistas dentro e fora do banco de genes.

2.7. Escolha de acessórios adequados para satisfazer as necessidades dos utilizadores

No passado, a avaliação fenotípica de dezenas de milhares de acessos foi bem sucedida na identificação de fontes úteis de variação para características com hereditariedade simples, como a resistência ao vírus do raquitismo das gramíneas ou a esterilidade masculina citoplasmática no arroz (Plucknett et al., 1987). No entanto, a maioria das características de interesse para os melhoradores de plantas e geneticistas são herdadas quantitativamente, demonstrando frequentemente uma baixa hereditariedade e elevadas interacções genótipo × ambiente (G × E). Além disso, muitas características são expressas apenas em determinadas fases de desenvolvimento, em resposta a determinados tipos de stress e podem ser afectadas por processos epigenéticos.

Estas características podem não ser óbvias sem a utilização de projectos experimentais especializados, equipamento e conhecimentos (Chen, 2007 ; King et al., 2010). Além disso, grande parte da variação natural que é de potencial interesse para os melhoradores de plantas está escondida em materiais silvestres de baixo desempenho e não adaptados, cujo valor de reprodução não pode ser determinado pela fenotipagem de acessos de bancos de genes per se (Tanksley e McCouch, 1997). Nos casos em que as interacções genótipo × genótipo (G × G) são cruciais para a expressão de um fenótipo de interesse, a fenotipagem de potenciais dadores não é suficiente para determinar o seu valor genético; os testes de descendência de derivados intercruzados são também essenciais.

É necessária muita investigação para desvendar as complexidades dos efeitos da interação G × G em populações intra e interespecíficas e para treinar modelos que possam prever com fiabilidade o espetro de resultados fenotípicos na descendência. Sem informação exaustiva sobre o genótipo e/ou o fenótipo dos acessos do banco de genes, é muito difícil determinar quais são os mais úteis para abordar um determinado objetivo de melhoramento ou questão de investigação. Consequentemente, os gestores dos bancos de genes têm de fazer recomendações com base em dados muito escassos, e muitas das suas recomendações não acertam no alvo.

No entanto, os requisitantes pedem frequentemente aos gestores dos bancos de genes que os ajudem a identificar os melhores acessos para o seu interesse particular. Um curador de culturas específicas hábil baseia-se em conhecimentos extensivos sobre a sua espécie de cultura e numa profunda familiaridade com a comunidade de utilizadores (Widrlechner, 1997), mas alguns pedidos deixam o gestor à procura da proverbial agulha no palheiro. Como resultado, a maioria das amostras distribuídas não satisfazem, de facto, as suas necessidades. Assim, mesmo para os bancos de genes que são muito utilizados, uma proporção significativa da utilização não satisfaz as necessidades do utilizador, na medida em que apenas uma pequena percentagem dos acessos avaliados acaba por ser incorporada em programas de melhoramento ou de investigação.

No entanto, podem ser geradas informações valiosas pelos utilizadores que avaliam os acessos, mesmo que estes não correspondam às expectativas. Os resultados negativos podem contribuir para o conjunto de informações sobre o material do banco de genes e podem ser muito úteis para racionalizar a seleção de material para futuros utilizadores, se essa informação for comunicada ou partilhada com o fornecedor de germoplasma. Por conseguinte, a necessidade não é tanto aumentar a quantidade de utilização, mas sim aumentar a eficácia da utilização (Widrlechner e Burke, 2003; Rubenstein et al., 2006). medida que mais e mais acessos são avaliados, o cabaz de dados de avaliação fica mais completo, proporcionando um ponto de partida mais sólido para fazer recomendações aos utilizadores. No entanto, sem dados de avaliação completos, os cientistas dos bancos de genes necessitam de dados de substituição adequados para prever quais os acessos mais susceptíveis de satisfazer as necessidades dos utilizadores. É axiomático que o que é necessário são dados relevantes e comparáveis para cada acesso, uma vez que, sem eles, a intuição e a perícia do conservador são a única base para o selecionar ou rejeitar. Hoje em dia, a genotipagem é mais rápida e mais barata do que a fenotipagem, a informação genotípica é altamente hereditária e uma única avaliação de todo o genoma fornece dados de diversidade molecular subjacentes relevantes para praticamente qualquer caraterística que possa ter interesse agora ou em qualquer altura no futuro. As estratégias de genotipagem, como a GBS, tornam suficientemente barato genotipar todos os acessos de uma coleção com base em amostras individuais e/ou combinadas, e os métodos melhorados de genómica estatística e de biologia computacional permitem imputar dados em falta com elevados níveis de precisão e identificar associações informativas genótipo-fenótipo. Será necessário muito trabalho para obter informações relevantes sobre o desempenho fenotípico dos milhares de acessos mantidos em bancos de genes. Será importante integrar a interpretação dos dados genómicos com outros tipos de informação, incluindo relações genealógicas, semelhança genética, associações de subpopulações, origens eco-geográficas, características morfológicas, desempenho agronómico em diversos ambientes, especificações de gestão das culturas, bem como anotações funcionais dos dados genómicos que forneçam informações sobre genes e alelos e relações com vias bioquímicas e reguladoras.

2.8. Genotipagem de uma coleção: Por onde começar

Prevemos que o processo de genotipagem de uma coleção de banco de genes seja gradual e iterativo, com o objetivo de proporcionar o máximo benefício ao maior número de utilizadores de bancos de genes o mais rapidamente possível, mas também de ajudar a melhorar a qualidade e a eficiência das operações dos bancos de genes. A seleção do que deve ser genotipado em primeiro lugar, e a que nível de cobertura do genoma, pode ser feita sabendo que as melhorias na tecnologia irão inevitavelmente melhorar a qualidade e diminuir o custo da sequenciação ao longo do tempo. Embora isto possa parecer um argumento para adiar até que a tecnologia amadureça, é importante iniciar o esforço de sequenciação o mais cedo possível.

A disponibilidade de um fluxo constante de informação sobre sequenciação e genotipagem ajudará a facilitar mudanças na organização das actividades do banco de genes. A geração de conjuntos de dados de tamanho moderado no início proporcionará uma oportunidade para trazer cientistas com competências adequadas para ajudar a organizar e gerir o esforço, para desenvolver pipelines de análise e estratégias de base de dados que estejam em sintonia com os requisitos das operações do banco de genes, enquanto se preparam para expandir as operações para satisfazer as exigências futuras, tendo em mente que os materiais subsequentes serão provavelmente genotipados com maior resolução e por menos custos do que as primeiras selecções.

Durante muitos anos, o conceito de coleção principal tem estado em destaque nas discussões dos bancos de genes sobre a forma de selecionar materiais para uma caraterização aprofundada. Uma coleção nuclear representa apenas 5 a 10% do número de acessos originais, mas é selecionada para representar a maioria da variação genética presente na coleção original (Frankel, 1984 ; van Hintum et al., 2000). Esta abordagem foi recentemente defendida por Glaszmann et al. (2010) , que recomendaram a utilização de dados de genotipagem molecular para ajudar a identificar uma coleção principal (ou um mini núcleo, representando ~1% do número original de acessos).

Sugeriram a purificação de um "conjunto de referência de culturas" de materiais que é definido como "um conjunto de stocks genéticos representativo dos recursos genéticos da cultura e utilizado pela comunidade científica como referência para uma caraterização integrada da sua diversidade biológica" (Glaszmann et al., 2010, p. 3). Este conjunto de referência para as culturas seria objeto de uma fenotipagem aprofundada e de uma dissecação de características pela comunidade de investigadores interessados na espécie.

Como meio de entrar na coleção mais vasta, uma coleção de base bem caracterizada tem muitas vantagens. Oferece um ponto de partida para os investigadores criarem colecções mais pequenas e mais orientadas, centradas em características específicas, famílias de genes, pedigrees ou regiões geográficas (Staub et al., 2002). Acelerar o ciclo virtuoso da descoberta - Embora uma coleção principal seja útil para avaliar uma vasta gama de variações, pode não captar eficazmente características ou alelos raros e potencialmente com elevado valor genético ou potencial adaptativo. Para responder a esta preocupação, Mackay e Street (2004) propuseram um mecanismo designado por estratégia de identificação focalizada de germoplasma (FIGS) para construir pequenos subconjuntos de acessos que maximizem a probabilidade de encontrar características específicas de interesse. Esta estratégia centrou-se na seleção da variação para uma caraterística de cada vez, escolhendo acessos de locais de recolha com maior probabilidade de impor uma pressão de seleção para a caraterística procurada (Street et al., 2008).

A abordagem pressupõe que as características de interesse estão, em resultado da adaptação ao ambiente, geograficamente localizadas em regiões previsíveis. Será eficaz se este pressuposto se mantiver. Poderá, por exemplo, ser ineficaz para características como a química atípica do óleo de sementes, em que a seleção não está associada a tensões geograficamente definidas. A FIGS foi utilizada com sucesso para identificar subconjuntos de acessos de cevada e trigo com resistência a diversos agentes patogénicos fúngicos (Endresen et al., 2011) e ao pulgão russo do trigo (El Bouhssini et al., 2011). Estas abordagens, ou uma combinação de abordagens semelhantes, podem ser utilizadas para dar prioridade a amostras para abordagens de extração de alelos que envolvam a re-sequenciação ou a genotipagem intensiva.

Foram iniciados planos para sequenciar até 10 000 acessos de arroz do banco de genes do IRRI, em colaboração entre o BGI, o CAAS e o IRRI. (http://en.genomics.cn/navigation/show_news.action?newsContent.id=8952).

A primeira fase envolverá uma coleção diversificada de 3000 acessos que serão sequenciados com uma cobertura genómica de 6 × ou superior, incluindo 50 acessos sequenciados com

~30 × profundidade. A sequenciação profunda será efectuada utilizando bibliotecas múltiplas com tamanhos de inserção variáveis para facilitar a montagem de novo por ferramentas como All Paths (Butler et al., 2008). Projectos anteriores que envolveram a re-sequenciação de alta qualidade de 50 - 150 genomas de arroz diversos com uma cobertura genómica de ~15 - 75 × estabeleceram as bases para esta abordagem no arroz e demonstraram que já existe uma variedade de ferramentas e estratégias para a tornar viável (Wright et al., manuscrito não publicado; Xu et al., 2011 ; http://www.ricesnp.org).

A disponibilidade destes e de outros genomas de alta qualidade serve de enquadramento para a criação de sequências de referência pan-genómicas para os diferentes grupos de variação existentes no arroz. Estas sequências de referência formarão quadros para facilitar o alinhamento e o refinamento da construção de genomas re-sequenciados a uma profundidade menor, com melhorias iterativas das construções de pan-genomas à medida que a profundidade aumenta. Todos os dados serão depositados em arquivos de leitura curta no domínio público (como http://www.gigadb.org e outros) na altura da publicação, ou antes. No âmbito do GRiSP, está a ser organizada uma equipa internacional para tratar da montagem, da identificação de variantes, da anotação, da genética populacional e da visualização do conjunto de dados. Está atualmente a ser desenvolvida uma base de dados concebida para alojar os dados, integrar múltiplas formas de anotação e apoiar as consultas dos utilizadores em tempo real. A base de dados finalizada será acessível ao público. Os investimentos iniciais em genotipagem devem ser complementados por um investimento correspondente em fenotipagem dos mesmos materiais. Quando os dados genotípicos e fenotípicos estão disponíveis para o mesmo conjunto de germoplasma, os dados fornecem a base para a realização de estudos de associação de todo o genoma (GWAS) para identificar regiões do genoma que estão associadas à variação fenotípica quantitativa (Huang et al., 2010 ; Zhao et al., 2011). O GWAS, como estratégia de dissecção de características, é ideal para acessos de bancos de genes porque, ao contrário do mapeamento clássico de QTL, a genotipagem e a fenotipagem são realizadas numa coleção diversificada de estirpes não relacionadas (designada por painel de diversidade) e não na descendência de um cruzamento biparental (designada por população de mapeamento de QTL) (Yu et al., 2005 ; Zhu et al., 2008).

As relações genéticas entre indivíduos num painel de mapeamento de associação podem variar muito e, assim, uma abordagem FIGS pode ser utilizada em conjunto com a GWAS para identificar não só novas fontes de variação para a caraterística de interesse, mas também para mapear simultaneamente os genes ou QTLs responsáveis pelo fenótipo. Na prática, um painel de diversidade deve ser composto pelo conjunto de linhas mais diversificado possível, assegurando simultaneamente a sua adaptação à região ou ao ambiente em que serão fenotipadas. Pode ser difícil avaliar certos traços ou fenótipos no terreno se a gama de diversidade for tão elevada que alguns genótipos apresentem um desenvolvimento anormal que afecte a expressão do traço. Embora tanto o GWAS como o mapeamento de QTL tenham como objetivo identificar genes ou regiões do genoma subjacentes a fenótipos complexos, o GWAS fá-lo no contexto da biologia evolutiva e da genética populacional, enquanto o mapeamento de QTL o faz no contexto da genética da herança (Bernardo, 2008). Na prática, as duas abordagens são complementares e são frequentemente efectuadas em conjunto (Yu et al., 2005; Legarra e Fernando, 2009 ; McMullen et al., 2009 ; Famoso et al., 2011).

Os estudos de mapeamento de GWAS e QTL geram hipóteses sobre QTLs ou genes que requerem validação para serem de uso prático. A validação requer geralmente um mapeamento e introgressão adicionais das regiões de QTL em diferentes meios genéticos para determinar a fiabilidade e a hereditariedade de um QTL para fins de melhoramento (Venuprasad et al., 2011a , b), o que é conseguido através do cruzamento tradicional e da análise da descendência utilizando uma série de populações bi-parentais e multi-parentais. Esta fase do trabalho pode ser aumentada pela colaboração com programas de melhoramento vegetal que efectuam rotineiramente avaliações de campo em vários locais.

Os conhecimentos adquiridos com estes estudos podem então ser utilizados para fazer previsões sobre o desempenho provável de conjuntos subsequentes de materiais. Depois de o sistema inicial de previsão ter sido desenvolvido para o material de um determinado grupo genético, a fenotipagem futura pode ser orientada apenas para subconjuntos seleccionados de acessos genotipados e cruzamentos entre eles para confirmar ou melhorar as previsões. medida que o sistema de previsão for melhorando, a fenotipagem pode ser orientada de forma cada vez mais fiável dentro de um determinado conjunto de acessos. A seleção dos materiais a genotipar em cada fase deste processo requer coordenação para que as hipóteses possam ser desenvolvidas e testadas, e para que diferentes grupos de utilizadores de bancos de genes sejam servidos. Se a genotipagem for coordenada com a fenotipagem, a análise da expressão e outras formas de dissecação genética, os bancos de genes têm o potencial de iniciar "ciclos virtuosos" de descoberta que se repercutirão produtivamente na comunidade de investigação.

Este ciclo de descoberta pode simultaneamente melhorar as previsões subsequentes sobre o valor genético de diversos acessos. O ciclo de retroação positiva desencadeado pela disponibilidade de informação de re-sequenciação ou genotipagem deverá aumentar muito o valor dos materiais dos bancos de genes e, simultaneamente, aumentar a capacidade dos cientistas dos bancos de genes para fazerem previsões sobre o valor genético de materiais que nunca foram fenotipados e sobre os quais pode haver pouca ou nenhuma informação de passaporte disponível. Um dos benefícios mais importantes da existência de sequenciação de alta resolução ou de informação genotípica para as colecções de bancos de genes é o facto de permitir que os obtentores de plantas e outros investigadores comecem a identificar linhas ou acessos que partilham alelos ou haplótipos e a acumular informação sobre o desempenho fenotípico dos alelos em diversos contextos e não das linhas (Heffner et al., 2009 ; Lorenz et al., 2011).

Através da avaliação dos efeitos dos alelos que ocorrem em muitas linhas, os investigadores podem aproveitar os investimentos efectuados em todas as experiências de fenotipagem para melhorar o desempenho previsto de um determinado acesso. Este aproveitamento é um avanço importante em relação às abordagens convencionais de avaliação de germoplasma, em que uma medida fenotípica fornece informações apenas sobre uma determinada linha ou acesso. Isto também tem implicações importantes para a forma como as experiências de fenotipagem são susceptíveis de ser conduzidas. medida que a informação genotípica de alta resolução se torna regularmente disponível num grande número de acessos de germoplasma e linhas de reprodução derivadas, será relativamente fácil identificar alelos ou haplótipos que se reproduzem em linhas de diferentes grupos de germoplasma. Isto terá impacto na conceção óptima de experiências destinadas a examinar associações fenótipo-genótipo em colecções de germoplasma relacionado e é particularmente relevante para a implementação de estratégias de seleção genómica no melhoramento. Ao avaliar pools de reprodução ou colecções específicas de linhas geograficamente ou ecologicamente adaptadas (por exemplo, utilizando FIGS), em que o fundo genético é relativamente estável, é realçada a repetibilidade dos efeitos dos alelos e não das linhas. Isto permite testar o maior número possível de linhas diferentes com pouca ou nenhuma replicação de linhas individuais. medida que o custo relativo da genotipagem desce abaixo do da fenotipagem, as implicações são que será cada vez mais possível e rentável utilizar a informação genotípica para prever o desempenho fenotípico. Isto tem consequências de grande alcance para a realização de ensaios de campo no contexto da avaliação genómica do germoplasma e do melhoramento das culturas.

2.9. Previsão do valor de reprodução de materiais subutilizados

Um dos objectivos de um banco de genes é apoiar o alargamento da diversidade das variedades de culturas comerciais, proporcionando um acesso imediato a variações genéticas novas e úteis. No entanto, para tornar o germoplasma do banco de genes atrativo para o criador, pode ser necessário um pré-melhoramento. Entre os exemplos contam-se o projeto Wheat Genetics and Genomics em Manhattan, KS (http://www.k-state.edu/wgrc), projectos de trigo na Alemanha (Hammer et al.,1996) e o projeto Germplasm Enhancement of Maize em Ames, IA (http://www.public.iastate.edu/~usda-gem/; Pollak, 2003), que visam explorar o potencial genético de diversos acessos selvagens e exóticos e melhorar a utilização de uma vasta gama de variações. Os projectos de pré-melhoramento do milho e do sorgo constituem exemplos de esforços bem coordenados e bem financiados entre criadores dos sectores público e privado nos Estados Unidos, embora sejam anteriores à era da sequenciação do genoma completo.

O programa de melhoramento do germoplasma do milho (GEM) é um esforço de cooperação entre o USDA-ARS, universidades, indústria privada e

organizações internacionais e não-governamentais
(http://www.public.iastate.edu/~usda-gem/) em que acessos exóticos de milho
foram cruzados com um conjunto padrão de híbridos consanguíneos testadores e
os híbridos resultantes foram avaliados quanto a numerosas características em
ensaios multilocais nos Estados Unidos por uma rede de criadores públicos e
empresas privadas de sementes. A introdução de alelos exóticos melhorou o
desempenho do milho cultivado nos Estados Unidos relativamente a muitas
características importantes (Pollak, 2003). O conjunto de linhas dadoras
utilizadas no projeto GEM faz agora parte do projeto Seeds of Discovery, um
programa de colaboração financiado pelo governo do México, pela Fundação
Gates e pelo Centro Internacional de Mejoramiento de Ma í z y Trigo
(CIMMYT) que visa genotipar acessos de milho e trigo do banco de genes
dobanco de genes do CIMMYT (http://masagro.cimmyt.org/index.php/areas-
prioritarias/descubriendo diversidadgenetica-de-las-semillas).
Do mesmo modo, o projeto Sorghum Conversion converteu muitas linhas
exóticas à insensibilidade ao fotoperíodo, para que pudessem ser avaliadas em
condições nos Estados Unidos. As linhas foram convertidas independentemente
do seu desempenho per se, e muitos alelos derivados de linhas com fraco
desempenho revelaram-se benéficos na base genética das variedades de elite.
O germoplasma libertado pelo programa de conversão foi amplamente utilizado
para melhorar os híbridos comerciais de sorgo no que respeita à resistência a
pragas e doenças, à tolerância à seca e à salinidade, à resistência do caule, às
características de qualidade do grão e à melhoria do rendimento e da
estabilidade do rendimento (Miller, 1979). A genotipagem e a sequenciação das
linhas dadoras, do germoplasma pré-reprodutor e das variedades de elite, em
combinação com a informação fenotípica sobre estes materiais, constituirão um
ponto de partida valioso para identificar os genes e as combinações de genes
responsáveis pelo melhor desempenho dos híbridos. Embora os criadores não
necessitem de conhecimentos sobre genes específicos, alelos ou vias que
determinam o desempenho, os cientistas dos bancos de genes beneficiarão muito
com esta informação. O conhecimento dos alelos e das combinações de alelos
associados a características desejáveis fornecerá a base para actividades de
prospeção de alelos destinadas a identificar acessos portadores de alelos
favoráveis (alelos que são favoráveis per se, bem como aqueles que só são
favoráveis quando combinados com outros em meios de elite), ou acessos
portadores de alelos desconhecidos e novos em loci que mereçam uma
investigação mais aprofundada. Um software adequado de extração de dados
será essencial para garantir que este processo seja tão eficiente quanto possível,
em especial no caso de grandes bancos de genes com informação abundante

sobre as sequências. Além disso, será necessário um processo contínuo de curadoria para anotar a sequência de forma significativa. Algumas das anotações envolverão a identificação de polimorfismos funcionais e a indicação da sua associação com a variação fenotípica de interesse, assinalando onde se situam as variantes de sequência em relação a modelos de genes, promotores ou marcas epigenéticas e fornecendo informações sobre a frequência de variantes em subpopulações específicas ou conjuntos de germoplasma. À medida que se sabe mais sobre a forma como as plantas respondem a sinais internos de desenvolvimento e a sinais externos do ambiente e sobre as combinações específicas G × G desejáveis, a informação sobre as sequências será cada vez mais útil na procura de materiais que satisfaçam critérios específicos. No arroz, a utilização de análises avançadas de QTL em retrocruzamentos (Tanksley e Nelson, 1995; Tanksley e McCouch, 1997) tem sido muito bem sucedida na introgressão de genes que aumentam o rendimento de parentes silvestres de baixo rendimento. Investigadores na China, Colômbia, Índia, Indonésia, Coreia e Estados Unidos demonstraram que praticamente qualquer acesso selvagem ou não melhorado, independentemente do seu fenótipo, pode servir como uma excelente fonte de alelos para o melhoramento do arroz (Xiao et al., 1998 ; Moncada et al., 2001 ; Septiningsih et al., 2003 ; Thomson et al., 2003 ; Li et al., 2004 ; Marri et al., 2005 ; Sarla e Mallikarjuna Swamy, 2005 ; Xie et al, Os marcadores moleculares foram utilizados para identificar a localização de alelos QTL favoráveis em populações BC derivadas de cruzamentos entre variedades de elite, adaptadas e de alto rendimento e materiais exóticos divergentes (Eshed e Zamir, 1995 ; Brar e Khush, 1997 ; Tanksley e McCouch, 1997 ; Zamir, 2001 ; Nguyen et al., 2003 ; McCouch et al., 2007). Os marcadores foram também utilizados para quantificar o grau de divergência genética entre diferentes dadores e variedades parentais recorrentes (Garris et al., 2005 ; Zhao et al., 2010), e estas estimativas de divergência revelaram-se úteis como base para o planeamento de esquemas de cruzamento produtivos. Atualmente, estão em curso experiências genómicas em grande escala para ajudar a caraterizar os recursos selvagens e de variedades autóctones nos nossos bancos de genes, e um dos objectivos é desenvolver modelos preditivos sobre G × G que possam ajudar a desbloquear o potencial genético de muitos outros acessos selvagens e exóticos para utilização no melhoramento de plantas (Ammiraju et al., 2008 ; Huang et al., 2010 ; Famoso et al., 2011 ; Zhao et al., 2011).

Este esforço envolve a identificação de combinações de alelos e de regiões do genoma responsáveis pela heterose e pela variação transgressiva e a aprendizagem da forma de prever quais as introgressões de diversos dadores selvagens ou exóticos susceptíveis de melhorar o desempenho em meios genéticos de elite de interesse.

Para abordar este problema de forma sistemática, vários grupos construíram bibliotecas de linhas de substituição de segmentos cromossómicos (CSSLs), que facilitam grandemente a identificação de genes agronomicamente valiosos introduzidos a partir de dadores selvagens ou não adaptados (Tian et al., 2006 ; Ali et al., 2010 ; Fukuoka et al., 2010 ; Xu et al., 2010).

2.10. Caracterização de germoplasma numa era de sequenciação de alto rendimento

A tecnologia de sequenciação tornou-se tão amplamente acessível e rentável que está a ser utilizada de forma altamente distribuída para responder a uma vasta gama de questões básicas e aplicadas. Muitas destas questões são pertinentes para os bancos de genes porque contribuem diretamente para a caraterização dos recursos genéticos ou porque oferecem modelos de como abordar a caraterização do germoplasma de novas formas.

Os dados de sequenciação ou de genotipagem são utilizados para a reconstrução filogenética (Ge et al., 1999 ; Soltis et al., 2004 ; Zou et al., 2008 ; de la Torre-Barcena et al., 2009), a extração de alelos e a análise da estrutura dos haplótipos (Berm ú dez et al., 2008 ; Mikami et al., 2008 ; Bhullar et al., 2009 ; Kovach et al, 2009 ; Takahashi et al., 2009), identificando regiões genómicas que são idênticas por descendência (IBD) em linhagens relacionadas por pedigree (Yang et al., 2007 ; Yamamoto et al., 2010 ; Aylor et al., 2011), caracterizando regiões de divergência máxima ou mínima entre linhagens, populações ou espécies
(Ammiraju et al., 2006 , 2008 ; Tang et al., 2007 ; Sanyal et al., 2010 ; Tian et al., 2011), mapeamento de varredura selectiva (Pollinger et al., 2005 ; Molina et al., 2011), estudos de associação ampla do genoma (Rostoks et al., 2006 ; Cockram et al., 2010 ; Huang et al., 2010 ; Zhao et al, 2011), análise de introgressão (Sweeney et al., 2007 ; Takano- Kai et al., 2009 ; Fujino et al., 2010 ; Zhao et al., 2010 ; Famoso et al., 2011), exame da base genética da heterose (Li et al., 2008), seleção de progenitores para cruzamento e desenvolvimento populacional (Churchill et al., 2004 ; Cavanagh et al., 2008 ; McNally et al., 2009), actividades de pré-reprodução (Hammer et al., 1996 ; McCouch et al., 2007), facilitando o mapeamento fino, a clonagem de genes e estudos funcionais (Fukuoka et al., 2009 ; Huang et al., 2009 ; Yamamoto et al., 2009), e fornecendo a base para a análise de vias e sistemas (Shinozaki e Yamaguchi-Shinozaki, 2007; Qiu et al, 2008 ; Ficklin et al., 2010 ; Gu et al., 2011). Estes são exemplos em que os dados da sequência do genoma foram

essenciais para a caraterização dos recursos genéticos e para a compreensão dos genes, alelos e haplótipos úteis que contêm. As tecnologias genómicas emergentes também permitem o estudo da epigenética, que provavelmente terá um papel cada vez mais importante na biologia da conservação (Bossdorf et al., 2008 ; Richards et al., 2010). Existem provas de que os processos epigenéticos são importantes na mediação das respostas dos indivíduos e das populações às rápidas alterações ambientais, bem como na estabilização dos produtos da hibridação alargada e da alo-poliploidização entre estirpes geneticamente diversas (Salmon et al., 2005 ; Chinnusamy et al., 2008 ; Boyko et al., 2010). Além disso, os efeitos epigenéticos têm sido apontados como uma fonte importante de variação de novo que facilita a rápida evolução e adaptação de espécies invasoras (Allendorf e Lundquist, 2003).

Isto poderia explicar parcialmente o paradoxo das espécies invasivas que perderam variação genética durante um estrangulamento associado à sua introdução, mas que, apesar disso, são capazes de se adaptar a novas condições ambientais. Por último, o conceito emergente de "microbioma" e de "metagenoma" é relevante para a compreensão do modo como as comunidades de microrganismos medeiam a interação entre as plantas e o seu ambiente biótico e abiótico. As tecnologias genómicas e a sequenciação de elevado rendimento são fundamentais para compreender estas relações. Embora a complexidade das interacções comunitárias represente um desafio formidável, a informação derivada de estudos específicos está a ser integrada em modelos úteis sobre o modo como a genética das plantas cultivadas contribui para a dinâmica das comunidades nos sistemas agrícolas, mediada, por exemplo, por microrganismos na filosfera (Andrews e Harris, 2000 ; van der Heijden et al., 2008 ; Whipps et al., 2008 ; Balint-Kurti et al., 2010 ; Meyer e Leveau, 2011).Assim, a genómica está a abrir uma dimensão inteiramente nova de investigação que sugere que a resposta de uma planta ao seu ambiente biótico e abiótico é, em certa medida, mediada por comunidades microbianas específicas com as quais está em contacto. Isto tem implicações na forma como os acessos aos bancos de genes são caracterizados e, possivelmente, na forma como são geridos. Será necessária muita informação nova para acelerar a nossa compreensão do meta-genoma e para entender melhor as implicações desta diversidade para a gestão dos recursos genéticos vegetais.

DOCUMENTAÇÃO E DIVULGAÇÃO DE INFORMAÇÕES

A produção e análise de dados genómicos requerem grandes investimentos em tecnologia e infra-estruturas bioinformáticas. Na medida em que a genotipagem e a análise de sequências empregam as mesmas plataformas tecnológicas e competências analíticas, independentemente do(s) organismo(s) em estudo, isto favorece a centralização, porque permite que os bancos de genes tirem partido das economias de escala e aproveitem o acesso aos conhecimentos computacionais e analíticos necessários (mas escassos) para dar sentido aos dados.

Os bancos de genes com um grande número de explorações estão numa posição mais favorável para negociar termos para a genotipagem das suas colecções, embora a sequenciação completa das suas colecções demore mais tempo e seja mais cara do que a dos bancos de genes mais pequenos. Coletivamente, os bancos de genes mais pequenos podem desenvolver consórcios para promover a partilha de tecnologia e de conhecimentos computacionais, ajudando a mobilizar recursos e a criar economias de escala que lhes permitam tirar partido da oportunidade de sequenciar as suas colecções. Em contraste com a sequenciação ou a genotipagem, a fenotipagem requer um sistema altamente distribuído de equipas bem coordenadas que possam avaliar o desempenho das plantas em ambientes de campo geográfica e ecologicamente relevantes. Estão também a ser desenvolvidas abordagens fenómicas complementares e cada vez mais automatizadas, de elevado rendimento, que podem tirar partido da capacidade de avaliar caracteres bioquímicos, fisiológicos e de desenvolvimento em condições controladas (Lahner et al., 2003; Shinozaki e Yamaguchi-Shinozaki, 2007; Buescher et al., 2010; Clark et al., 2011; Famoso et al., 2011). No domínio da bioinformática, é necessário desenvolver bases de dados modulares, bem estruturadas e de fácil utilização para rastrear, armazenar, distribuir e analisar registos de germoplasma e dados genotípicos e fenotípicos. A existência de normas comuns para a aquisição, definição, armazenamento e gestão de dados genotípicos e fenotípicos em todos os laboratórios e disciplinas pode aumentar consideravelmente a eficiência das operações dos bancos de genes e a utilidade para os utilizadores de bancos de genes em muitas disciplinas.

Para retirar valor do dilúvio de dados de sequenciação, é necessária uma rede coordenada e distribuída de estatísticos, biólogos computacionais, geneticistas populacionais e programadores informáticos para ajudar os bancos de genes a organizar, analisar e interpretar os dados genómicos que serão gerados nas suas colecções. A sequenciação dos acessos de um banco de genes resultará numa quantidade de informação sem precedentes, que provavelmente inundará as bases de dados existentes. Por conseguinte, será necessário desenvolver novos esquemas e sistemas de bases de dados que permitam a integração, visualização e consulta dos dados pelos utilizadores, bem como a ligação cruzada com os passaportes e outras informações que os bancos de genes já recolheram no passado, tendo como ponto de entrada os dados genómicos e não as sementes. Estes sistemas de bases de dados devem também utilizar vocabulários controlados e ontologias, como a Plant Ontology (Avraham et al., 2008), para assegurar a compatibilidade entre bases de dados e espécies.

O desenvolvimento de ferramentas escaláveis para armazenamento, recuperação e análise de dados utilizando soluções baseadas na nuvem e na computação paralela desempenhará certamente um papel importante na extração deste tesouro de informação. As iniciativas atualmente em curso no âmbito do iPlant Collaborative (http://www.iplantcollaborative.org) estão a explorar abordagens para ajudar a facilitar este processo. Com a criação de quantidades maciças de novos dados de sequenciação relacionados com os seus acessos, espera-se que os bancos de genes forneçam resumos de informações baseadas em sequências aos utilizadores interessados e as disponibilizem em linha.

São urgentemente necessários sistemas de consulta orientados por menus e baseados em sequências. Por exemplo, um utilizador de genómica pode estar à procura de acessos que sejam tão semelhantes geneticamente quanto possível numa ou mais regiões específicas do genoma (indicadas pelas posições de início e de paragem do genoma), embora pertencentes a diferentes grupos de subpopulações (os grupos seriam designados), ou pode estar à procura de novos alelos nos genes "x", "y" e "z" (designados pelas posições de início e de paragem do genoma, ou possivelmente por identificadores de genes). Estas consultas podem ser estruturadas de forma objetiva, de modo a que o utilizador preencha os espaços em branco e seja apresentado um conjunto de acessos que satisfaçam os critérios. Os investigadores de genómica estão habituados a este tipo de consulta da base de dados; assim, é provável que este grupo de utilizadores fique bem servido com a prestação deste serviço.

Os criadores interessados em encontrar informações semelhantes prefeririam estruturar as consultas em torno de características ou registos de desempenho, pedigrees e informações ambientais, e este potencial terá de ser desenvolvido com o tempo, à medida que o conhecimento das relações genótipo-fenótipo for melhorando. A curto prazo, os criadores podem ser mais bem servidos pelo desenvolvimento de tabelas de tradução que podem começar a ligar a informação genómica com variedades de referência ou grupos de variedades cujo desempenho é familiar. Juntamente com os dados de sequência, os bancos de genes serão instados a desenvolver sistemas de encomenda de sementes em linha para que, nos casos em que o utilizador determine o(s) acesso(s) que pretende depois de consultar a informação de sequência disponível, possa encomendar sementes diretamente.É provável que este modelo exija uma abordagem em duas vertentes, com uma interface simplificada para os utilizadores que não querem ter de lidar com muitos pormenores e uma interface mais sofisticada para os utilizadores que procuram informações exaustivas sobre acessos específicos ou reservas de sementes. A curadoria da informação apresentada aos utilizadores no sistema de encomendas em linha exigiria um esforço da comunidade, à semelhança da Wikipedia ou Wikigenes, em que especialistas ajudariam a anotar as reservas dos bancos de genes, fornecendo o máximo de informação possível sobre a história, o genótipo, o fenótipo, o desempenho e a adaptação de cada acesso.

Nos casos em que um utilizador requer a atenção e assistência de um conservador de banco de genes para encontrar o que procura, o conservador beneficiaria também da disponibilidade de um sistema de pesquisa de sequências e de encomenda de sementes em linha para acelerar o processo.

Os actuais sistemas de encomendas em linha têm uma eficácia limitada, uma vez que é quase sempre necessário conhecimento especializado para converter a declaração de necessidades de investigação de um utilizador numa consulta da base de dados destinada a selecionar os acessos adequados. Isto deve-se, em parte, à escassez de dados disponíveis para consulta. Por exemplo, Willocquet et al., (2011) , ao selecionar acessos para explorar a hipótese de que a arquitetura da copa era um fator importante na propagação da explosão da bainha do arroz, tiveram de determinar como os dados existentes sobre características morfológicas padrão se poderiam relacionar com a arquitetura da copa e, consequentemente, com a propagação da explosão da bainha.

O processo de seleção exigiu a combinação dos conhecimentos especializados do epidemiologista do cancro da bainha e do conservador do banco de genes; é difícil imaginar um sistema eficaz de encomendas em linha que pudesse ter obtido o mesmo resultado. Para as consultas que não beneficiam da disponibilidade de informação de sequenciação, isto continuará a ser o caso. No entanto, à medida que mais e mais informações de sequenciação se tornam disponíveis, as consultas que aproveitam essas informações de sequenciação serão provavelmente um pouco mais eficazes.

No futuro, à medida que os conhecimentos sobre as relações genótipo-fenótipo forem melhorando, podem ser previstos novos sistemas de consulta que tomem, como entrada do utilizador, definições de fenótipos-alvo, zonas de adaptação ou graus de semelhança genética e os traduzam, através de um sistema de previsão genótipo-fenótipo, numa consulta interna da base de dados baseada na sequência. medida que o sistema de previsão for melhorando, os utilizadores poderão fazer selecções cada vez mais fiáveis de acessos que satisfaçam as suas necessidades de melhoramento e investigação.

Para além de um sistema eficaz de disseminação de informação e de distribuição de sementes, um banco de genes de qualidade exigirá sempre um investimento significativo em capital humano para garantir a existência de conservadores altamente competentes prontos a ajudar os utilizadores a encontrar o que procuram. Não faz muito sentido conservar e caraterizar a riqueza da variação genética incorporada numa coleção, a menos que os acessos apropriados possam ser eficazmente identificados e distribuídos a pedido.

CONCLUSÃO

Dado que o impacto das alterações climáticas ameaça seriamente a produção vegetal em todo o mundo, as inovações científicas e as tecnologias avançadas que promovem a utilização de plantas cultivadas são muito procuradas. Embora a diversidade genética conservada nos bancos de genes contenha genes e alelos úteis para fazer face a todos os tipos de limitações na produção vegetal, é difícil selecionar o conjunto mais adequado de acessos sem informações suficientes, como dados fenotípicos e genotípicos. Por conseguinte, os investigadores e os criadores tendem a utilizar uma pequena parte da diversidade genética nos seus programas de investigação, o que indica um grande fosso entre as colecções de bancos de genes e os produtos de reprodução. A fenotipagem de alto rendimento realizada durante as operações de rotina dos bancos de genes pode gerar informações muito úteis que ajudam os utilizadores de sementes a poupar recursos para o rastreio de germoplasma e outras etapas de descoberta. O acesso a um banco genético digital de arroz, em que todos os acessos conservados possuem dados genómicos, está agora ao nosso alcance, embora exija um apoio importante e equipas dedicadas. No entanto, há grandes constrangimentos a ultrapassar, incluindo a necessidade de dados de base e de fenotipagem de base para permitir a previsão do fenótipo a partir do genótipo e o desenvolvimento de ferramentas novas e melhoradas que permitam essas previsões. Uma vez disponíveis, estes recursos ricos, quando associados a dados multi-ómicos detalhados - incluindo genómica, proteómica e metabolómica - sobre materiais seleccionados, permitirão a seleção de genótipos e de novos alelos e haplótipos para qualquer caraterística. Espera-se que a exploração destes recursos acelere o processo de melhoramento genético, melhorando simultaneamente a utilização da rica diversidade conservada. As bases de dados integradas lançadas pelo sistema CGIAR fornecem informações completas sobre a fenotipagem de plantas cultivadas e representam um primeiro passo para acelerar a utilização dos acessos aos bancos de genes. A genotipagem em grande escala e a re-sequenciação orientada têm o potencial de fazer avançar significativamente a conservação racional, a caraterização e a utilização dos recursos genéticos das culturas. Pode fornecer aos cientistas dos bancos de genes novas informações significativas sobre as suas explorações e permitir-lhes orientar mais eficazmente as futuras missões de recolha, gerir a multiplicação de sementes e os procedimentos internos de controlo da qualidade e aconselhar as pessoas sobre o valor do germoplasma para fins específicos. A disponibilidade de informação genotípica sobre um grande número de acessos de bancos de genes servirá de inspiração para que os cientistas assumam um papel mais ativo na caraterização da variação natural em colecções ex situ e para que os obtentores descubram e utilizem de forma mais rápida e eficiente novos alelos em novas variedades de culturas, permitindo-lhes adotar uma abordagem mais orientada para as hipóteses no desenvolvimento de variedades. Uma das mudanças pode envolver a adoção do modelo da biblioteca eletrónica, alojando um catálogo eletrónico de informação de alta qualidade sobre as explorações dos bancos de genes, tornando mais fácil e mais económico o acesso do público às sementes e à informação. Este modelo exigiria vários níveis para que os utilizadores ingénuos não ficassem confusos com a superabundância de pormenores, enquanto os utilizadores mais sofisticados poderiam pesquisar para descobrir informações cada vez mais completas sobre acessos específicos ou reservas de sementes. Este esforço envolveria a curadoria comunitária ("crowdsourcing"), através da qual especialistas da comunidade de investigação seriam chamados a ajudar a anotar as reservas dos bancos de genes, com o objetivo de fornecer o máximo de informação possível sobre cada acesso. Outra mudança encorajaria os cientistas dos bancos de genes a participar ativamente em colaborações para descobrir o potencial genético de recursos subutilizados e fazer previsões sobre os alelos e características que transportam, a sua capacidade de combinação, desempenho ou valor de reprodução. Esta abordagem da "exploração de germoplasma" envolveria uma combinação de experimentação biológica, actividades de exploração de dados e novas formas de envolvimento do público. Por último, a informação genómica permitiria aos cientistas dos bancos de genes monitorizar a forma como os seus materiais (ou alelos específicos) estão a ser utilizados na investigação e no melhoramento, fornecendo o tão necessário feedback como base para futuras inferências. Para integrar eficazmente a informação genómica no contexto operacional de um banco de genes será necessário que os bancos de genes comecem a funcionar numa nova arena científica, empregando biólogos com conhecimentos quantitativos, computacionais e estatísticos de alto nível, bem como pessoas familiarizadas com a biologia vegetal, a genética e o melhoramento vegetal, a ecologia, a agronomia e as ciências ambientais. Serão particularmente procurados os especialistas com experiência comprovada no desenvolvimento e gestão de bases de dados em linha, serviços de anotação distribuídos, alojamento de grandes recursos de consulta computacionalmente intensiva e acompanhamento de inventários. Muitas das pessoas que atualmente possuem estas competências não têm formação em biologia; uma estratégia para preencher esta lacuna seria apelar aos decisores políticos para que apoiem novos programas internacionais de formação de alto nível, concebidos para recrutar uma nova geração de jovens cientistas motivados para se tornarem os líderes dos bancos de genes de amanhã.O que é necessário são pessoas com interesse em melhorar a eficiência e a gestão estratégica a longo prazo dos recursos mundiais de germoplasma, a bússola ética e moral necessária para se manterem fiéis à missão pública do banco de genes, a perícia em formas altamente eficientes de controlo de qualidade e gestão de inventários, e a familiaridade com o desenvolvimento e conceção de bases de dados, biologia computacional, genética quantitativa, genómica estatística e tecnologia da informação.Para que os bancos de genes e os utilizadores beneficiem ao máximo, os investimentos na sequenciação e genotipagem das explorações dos bancos de genes devem ser acompanhados de melhorias significativas na potência e eficiência das bases de dados concebidas para recolher, gerir, armazenar, integrar e recuperar informação. A informação genómica, associada à acumulação de observações fenotípicas, permitirá aos cientistas e utilizadores dos bancos de genes testar hipóteses e responder a questões sobre as relações genótipo-fenótipo, desenvolver previsões baseadas no conhecimento sobre quais os acessos valiosos para diversas aplicações e identificar lacunas no conhecimento, revelando novas direcções onde ainda há muito a aprender. A genotipagem dos reservatórios de variação natural conservados nos bancos de genes e nas reservas in situ do mundo, focaliza um poderoso feixe de luz nas profundezas dos conjuntos de genes existentes e ilumina oportunidades para investigação e desenvolvimento futuros. As formas existentes de diversidade biológica evoluíram ao longo de milhões de anos e, embora atualmente saibamos relativamente pouco sobre a variação natural, esta continua a fornecer ao mundo blocos de construção essenciais para melhorar a produtividade, a sustentabilidade e a qualidade nutricional dos recursos alimentares, de fibras e de combustíveis que são essenciais para o bem-estar humano.

LITERATURA CITADA

ABADIE , T. , C. M. T. CORDEIRO , J. R. FONSECA , R. B. N. ALVES , M.
L.

BURLE , C. BRONDANI , AND P. H. N. RANGEL .2005 . Construção de uma
coleção básica de arroz para o Brasil. Pesquisa Agropecuária Brasileira 40 : 129
- 136 .

ALI , M. L. , P. L. SANCHEZ , S. B. YU , M. M. LORIEUX , AND G. C.

EIZENGA .2010 . Linhas de substituição de segmentos cromossómicos: Uma
ferramenta poderosa para a introgressão de genes valiosos de espécies selvagens
de Oryza em arroz cultivado (O. sativa). Rice 3 : 218 - 234 .

ALLENDORF , F. W. , E L. L. LUNDQUIST . 2003 . Introdução: Biologia
populacional, evolução e controlo de espécies invasoras. Conservation Biology
17 : 24 - 30 .

AMMIRAJU , J. , M. LUO , J. GOICOECHEA , W. WANT , D. KUDRNA , C.

MUELLER , J. TALAG , ET AL . 2006 . Recursos da biblioteca de
cromossomas artificiais bacterianos de Oryza: Construção e análise de 12
bibliotecas BAC de grande cobertura e inserção profunda que representam os 10
tipos de genoma do género Oryza . Genome Research 16 : 140 - 147 .

AMMIRAJU , J. S. S. , F. LU , A. SANYAL , Y. YU , ET AL . 2008 . Dinâmica

A evolução dos genomas de Oryza é revelada pela análise genómica
comparativa de um conjunto de dados verticais de todo o género. The Plant Cell
20 : 3191 - 3209 .

ANDREWS , J. H. , AND R. F. HARRIS . 2000 . A ecologia e a biogeografia
dos microrganismos das superfícies vegetais. Annual Review of Phytopathology
38 : 145 - 180 .

AVRAHAM , S. , C. W. TUNG , K. ILIC , P. JAISWAL , E. A. KELLOGG , S.

MCCOUCH , A. PUJAR , L. REISER , ET AL . 2008 . A Ontologia Vegetal
base de dados: Um recurso comunitário para a estrutura e as fases de
desenvolvimento das plantas, vocabulário controlado e anotações. Nucleic Acids
Research 36 (suplemento 1): D449 - D454 .

AYLOR , D. L. , W. VALDAR , W. FOULDS-MATHES , R. J. BUUS , R. A.

VERDUGO , R. S. BARIC , M. T. FERRIS , ET AL . 2011 . Análise genética
de características complexas no cruzamento colaborativo emergente.
Investigação sobre o genoma 21 : 1213 - 1222 .

BAIRD , N. A. , P. D. ETTER , T. S. ATWOOD , M. C. CURREY , A. L. A.

SHIVER , ET AL . 2008 . Descoberta rápida de SNP e mapeamento genético utilizando marcadores RAD sequenciados. PLoS ONE 3 : e3376 .

BALINT-KURTI , P. , S. J. SIMMONS , J. E. BLUM , C. L. BALLARE , AND A.

E. STAPLETON . 2010 . Os padrões de diversidade de bactérias epífitas em folhas de milho estão geneticamente correlacionados com a resistência à infeção por agentes patogénicos fúngicos. Molecular Plant-Microbe Interactions 23 : 473 - 484 .

BERM Ú DEZ , L. , U. URIAS , D. MILSTEIN , L. KAMENETZKY , R. ASIS, A.

R. FERNIE , M. A. VAN SLUYS , ET AL . 2008 . Um estudo de genes candidatos de loci de características quantitativas que afectam a composição química do fruto do tomateiro. Journal of Experimental Botany 59 : 2875 - 2890 .

BERNARDO , R. 2008 . Marcadores moleculares e seleção de características complexas em plantas: Learning from the last 20 years. Crop Science 48 : 1649 - 1664 .

BHULLAR , N. K. , M. MACKAY , N. YAHIAOUI , E B. KELLER . 2009.

Desbloqueamento dos recursos genéticos do trigo para a identificação molecular de alelos funcionais não descritos anteriormente no locus de resistência Pm3. Actas da Academia Nacional das Ciências, EUA 106 : 9519 - 9524 .

BIOVERSITY INTERNATIONAL . 2007 . Directrizes para o desenvolvimento de listas de descritores de culturas. Boletim Técnico da Biodiversidade, série 13. Biodiversity International, Roma, Itália.

BIOVERSITY INTERNATIONAL . 2011 . Listas de descritores e normas derivadas.

Biodiversity International, Roma, Itália. Sítio Web http://www.bioversityinternational. org/?id=3737 [acedido em 15 de novembro de 2011].

BORNER , A. , M. S. RODER , S. CHEBOTAR , R. K. VARSHNEY , AND A.

WEINDER . 2005 . Ferramentas moleculares para a gestão e avaliação de bancos de genes. Czech Journal of Genetics and Plant Breeding 41 (número especial): 122 - 127 .

BOSSDORF , O. , C. L. RICHARDS , AND M. PIGLIUCCI . 2008 . Epigenética para

ecologistas. Ecology Letters 11 : 106 - 115 .

BOYKO , A. , T. BLEVINS , Y. YAO , A. GOLUBOV , A. BILICHAK , Y.

ILNYTSKYY , ET AL . 2010 . A adaptação transgeracional da Arabidopsis ao stress requer a metilação do ADN e a função de proteínas do tipo dicer. PLoS ONE 5 : e9514 .

BRAR , D. S. , E G. S. KHUSH . 1997 . Introgressão de espécies exóticas no arroz. Biologia Molecular das Plantas 35 : 35 - 47 .

BUESCHER , E. , T. ACHBERGER , I. AMUSAN , A. GIANNINI , C. OCHSENFELD , A. RUS , B. LAHNER , ET AL . 2010 . Genética natural a variação em populações seleccionadas de Arabidopsis thaliana está associada a diferenças ionómicas. PLoS ONE 5 : e11081 .

BUTLER , J. , I. MACCALLUM , M. KLEBER , I. A. SHLYACHTER , M. K. BELMONTE , E. S. LANDER , C. NUSBAUM , AND D. B. JAFFE . 2008 . ALLPATHS: Montagem de novo de microrreads de shotgun de genoma completo. Investigação sobre o genoma 18 : 810 - 820 .

CAVANAGH , C. , M. MORELI , I. MACKAY , AND W. POWELL . 2008 . Das mutações ao MAGIC: Recursos para a descoberta, validação e distribuição de genes em plantas cultivadas. Current Opinion in Plant Biology 11 : 215 - 221 .

CHEN , Z. J. 2007 . Mecanismos genéticos e epigenéticos para a expressão de genes e variação fenotípica em plantas poliplóides. Revisão Anual de Biologia Vegetal 58 : 377 - 406 .

CHINNUSAMY , V. , Z. GONG , AND J. K. ZHU . 2008 . Processos epigenéticos mediados pelo ácido abscísico no desenvolvimento das plantas e nas respostas ao stress. Journal of Integrative Plant Biology 50 : 1187 - 1195 .

CHURCHILL , G. A. , D. C. AIREY , H. ALLAYEE , J. M. ANGEL , A. D. ATTIE , ET AL . 2004 . The Collaborative Cross, um recurso comunitário para a análise genética de características complexas. Nature Genetics 36 : 1133 - 1137 .

CLARK , R. , R. MACCURDY , J. JUNG , J. SHAFF , S. R. MCCOUCH , D. ANESHANSLEY , AND L. KOCHIAN . 2011 . Raiz tridimensional fenotipagem com uma nova plataforma de imagem e software. Fisiologia Vegetal 156 : 455 - 465 .

COCKRAM , J. , J. WHITE , D. L. ZULUAGA , D. SMITH , J. COMADRAN , M. MACAULAY , Z. LUO , ET AL . 2010 . Mapeamento de associações ao nível do genoma para resolução de polimorfismos candidatos no genoma não sequenciado da cevada. Actas da Academia Nacional das Ciências, EUA 107 : 21611 - 21616 .

DE LA TORRE-BARCENA , J. E. , S. O. KOLOKOTRONIS , E. K. LEE , D. W. STEVENSON , E. D. BRENNER , M. S. KATARI , G. M. CORUZZI ,

AND

R. DESALLE . 2009 . O impacto da escolha de um grupo externo e dos dados em falta na filogenética das principais plantas com sementes, utilizando dados EST ao nível do genoma. PLoS ONE 4 : e5764 .

EBERT , A. , P. HANSON , AND P. GNIFFKE . 2010. Considerações sobre a qualidade das sementes durante a manutenção do germoplasma, o melhoramento e o desenvolvimento varietal. Congresso Asiático de Sementes, 9 de novembro de 2010, Shanhua, Taiwan. Sítio Web http://www.apsaseed.org/ASC2010/docs/PreCongress/1-Germplasm_ Maintenance_and_Breeding.pdf.

EBANA , K. , Y. KOJIMA , S. F UKUOKA , T. N AGAMINE , AND M.

KAWASE . 2008 . Desenvolvimento de uma mini-coleção central de variedades autóctones de arroz do Japão, Breeding Science 58: 281 - 291.

EID , J. , A. FEHR , J. GRAY , K. LUONG , J. LYLE , G. OTT , P. PELUSO , ET

AL . 2009 . Sequenciação de ADN em tempo real a partir de moléculas de polimerase simples. Science 323 : 133 - 138 .

EL BOUHSSINI , M. , K. STREET , A. AMRI , M. MACKAY , F. C. OGBONNAYA , A. OMRAN , O. ABDALLA , ET AL . 2011 . Fontes de resistência do trigo panificável ao pulgão russo do trigo (Diuraphis noxia) na Síria, identificada utilizando a estratégia de identificação focalizada de germoplasma (FIGS). Plant Breeding 130 : 96 - 97 .

ELSHIRE , R. J. , J. C. GLAUBITZ , Q. SUN , J. A. POLAND , K. KAWAMOTO , E. S. BUCKLER , AND E. S. MITCHELL . 2011 . Um sistema robusto e simples

abordagem de genotipagem por sequenciação (GBS) para espécies de elevada diversidade. PLoS ONE 6 : e19379 .

ENDRESEN , D. T. F. , K. STREET , M. MACKAY , AND E. DEPAUW . 2011.

Associação preditiva entre características de stress biótico e dados eco-geográficos para variedades autóctones de trigo e cevada. Crop Science 51 : 2036 - 2055 .

ESHED , Y. , E D. ZAMIR . 1995 . Uma população de linhas de introgressão de Lycopersicon pennellii no tomate cultivado permite a identificação e o mapeamento de QTL associados ao rendimento. Genetics 141 : 1147 - 1162 .

FAMOSO , A. N. , K. ZHAO , R. T. CLARK , C. W. TUNG , C. BUSTAMANTE ,

L. V. KOCHIAN , E S. R. MCCOUCH . 2011 . Arquitetura genética da tolerância ao alumínio no arroz (O. sativa) determinada através de análise de associação genómica e mapeamento de QTL. PLOS Genetics 7 : e1002221 .

FAO [Organização das Nações Unidas para a Alimentação e a Agricultura]. 1996 . Plano de ação mundial para a conservação e utilização sustentável dos recursos fitogenéticos para a alimentação e a agricultura. FAO, Roma, Itália. Sítio Web http:// www.fao.org/agriculture/crops/core-themes/theme/seeds-pgr/gpa/en/. FAO .

2010 . Segundo relatório sobre o estado dos recursos fitogenéticos mundiais para a alimentação e a agricultura. FAO, Roma, Itália.

FEUILLET , C. , J. E. LEACH , J. ROGERS , S. SCHNABLE , AND K. EVERSOLE . 2011 . Sequenciação do genoma das culturas: lições e fundamentos. Tendências em Fitotecnia 16 : 77 - 88 .

FICKLIN , S. P. , F. LUO , AND F. A. FELTUS . 2010 . A associação de múltiplos genes em interação com fenótipos específicos em arroz utilizando redes de coexpressão de genes. Plant Physiology 154 : 13 - 24 .

FORD-LLOYD , B. V. , D. BRAR , G. S. KHUSH , M. T. JACKSON , AND P. S. VIRK . 2008 . Erosão genética ao longo do tempo da agro-biodiversidade de variedades autóctones de arroz. Recursos Genéticos Vegetais; Caracterização e Utilização 7 : 163 - 168 .

FRANKEL , O. 1984 . Perspectivas genéticas da conservação de germoplasma. In W. Arber, K. Illmensee, W. J. Peacock, and P. Starlinger [eds.], Genetic manipulation: Impact on man and society, 161 - 170. Cambridge University Press, Cambridge, Reino Unido.

FUJINO , K. , J . WU , H . SEKIGUCHI , I. ITO , T. IZAWA , AND T . M ATSUMOTO . 2010 . Múltiplos eventos de introgressão em torno do gene da época de floração Hd1 em arroz cultivado, Oryza sativa L. Molecular Genetics and Genomics 284 : 137 - 146 .

FUKUOKA , S. , Y. NONOUE , AND M. YANO . 2010 . Melhoramento do germoplasma através do desenvolvimento de materiais vegetais avançados a partir de diversos acessos de arroz. Breeding Science 60 : 509 - 517 .

FUKUOKA , S. , N. SAKA , H. KOGA , K. ONO , T. SHIMIZU , K. EBANA , N. HAYASHI , A. TAKAHASHI , H. HIROCHIKA , K. OKUNO , AND M. YANO . 2009 . A perda de função de uma proteína contendo prolina confere resistência duradoura a doenças no arroz. Science 325 : 998 - 1001 .

GARRIS , A. J. , T. H. TAI , J. R. COLBURN , S. KRESOVICH , AND S. R. MCCOUCH . 2005 . Estrutura e diversidade genética em Oryza sativa L.

Genetics 169 : 1631 - 1638 .

GE , S. , T. SANG , B. R. LU , AND D. Y. HONG . 1999 . Filogenia do arroz

com ênfase nas origens das espécies alotetraplóides. Proceedings of the National
Academy of Sciences, USA 96 : 14400 - 14405 .

GENESYS. 2011 . Genesys: Porta de entrada para os recursos genéticos. Sítio
Web http:// www.genesys-pgr.org/ [acedido em 14 de novembro de 2011].

GLASZMANN , J. C. 1987 . Isozimas e classificação de variedades asiáticas de

arroz.

Genética Teórica e Aplicada 74 : 21 - 30 .

GLASZMANN , J. C. , B. KILIAN , H. D. UPADHYAYA , AND R. K.

VARSHNEY . 2010 . Acesso à diversidade genética para o melhoramento das
culturas. Current Opinion in Plant Biology 13 : 167 - 173 .

GU , H. , P. ZHU , Y. JIAO , Y. MENG , AND M. CHEN . 2011 . PRIN: Uma
rede de interação de arroz predado. BMC Bioinformatics 12 : 161 .

GUPTA , P. K. , J. K. ROY , E M. PRASAD . 2001 . Nucleótido único

polimorfismos: Um novo paradigma para a tecnologia de marcadores
moleculares e a deteção de polimorfismos de ADN, com ênfase na sua utilização
em plantas. Current Science 80 : 524 - 535 .

HAMMER , K. , M. NEUMANN , AND H. U. KISON . 1996 . Trabalhos de
pré-melhoramento do einkorn - Cooperação entre o banco de genes e os
obtentores. Em S. Padulosi, K. Hammer, and J. Heller [eds.], Hulled wheat:
Proceedings of the First International Workshop on Hulled Wheats, 200 - 204,
1995, Castelvecchio Pascoli, Tuscany, Italy. Instituto Internacional de Recursos
Fitogenéticos, Roma, Itália.

HAWTIN , G. , H. SHANDS , E G. MACNEIL . 2011 . O custo para o CGIAR

centros de manutenção e distribuição de germoplasma. In Consortium Board of
Trustees, Proposal to the Fund Council for Financial Support to the CGIAR
Center Gene banks in 2011. Anexo 4, 15 - 91.
Website:http://www.cgiarfund.org/cgiarfund/sites/cgiarfund.org/files/Documents
PDF/fc4_funding_proposal_CGIAR_Genebanks.pdf [acedido em 22 de
novembro de 2011].

HEFFNER , E. L. , M. E. SORRELLS , AND J. L. JANNINK . 2009 .
Genómica

seleção para o melhoramento das culturas. Crop Science 49 : 1 - 12 .

HORNER , D. S. , G. PAVESI , T. CASTRIGNANAO , P. D. DE MEO , S.
LIUNI ,

M. SAMMETH , E G. PRESOLE . 2010 . Abordagens bioinformáticas para aplicações genómicas e pós-genómicas da sequenciação de nova geração. Briefings in Bioinformatics 11 : 181 - 197 .

HUANG , X. , Q. FENG , Q. QIAN , Q. ZHAO , L. WANG , ET AL . 2009 . Alto

genotipagem de alto rendimento por re-sequenciação do genoma completo. Investigação sobre o genoma 19 : 1068 .

HUANG , X. , X. WEI , T. SANG , Q. ZHAO , Q. FENG , ET AL . 2010 . Estudos de associação ao nível do genoma de 14 características agronómicas em variedades tradicionais de arroz. Nature Genetics 42 : 961 - 967 .

IRGSP . 2005 . Projeto Internacional de Sequenciação do Genoma do Arroz [em linha]. Sítio Web http://rgp.dna.affrc.go.jp/IRGSP/nature436_793-800/nature05.html [acedido em 15 de dezembro de 2011].

IRIS . 2011 . O Sistema Internacional de Informação sobre o Arroz. Sítio Web http:// irri.org/knowledge/tools/international-rice-information- system.[acedido em 15 de dezembro de 2011].

JARVIS , A. , M. E. FERGUSON , D. E. WILLIAMS , L. GUARINO , P. G. JONES , H. T. STALKER , J. F. M. VALLIS , ET AL . 2003 . Bio geografia de Arachis selvagens: Avaliação do estado de conservação e definição de prioridades futuras. Crop Science 43 : 1100 - 1108 .

KHUSH , G. S. , D. S. BRAR , P. S. VIRK , S. X. TANG , S. S. MALIK , G. A. BUSTO , Y. T. LEE , R. MCNALLY , L. N. TRINH , Y. JIANG , M. A. M. SHATA . 2003 - Classificação do germoplasma de arroz por polimorfismo isozimático e origem do arroz cultivado. IRRI Discussion Paper Series No. 46. Instituto Internacional de Investigação do Arroz, Los Baños, Laguna, Filipinas, 282 p.

KING , G. J. , S. AMOAH , AND S. KURUP . 2010 . Explorar e explorar a variação epigenética nas culturas. Genoma 53 : 856 - 868 .

KOJIMA , Y. , K. EBANA , S. F UKUOKA , T. N AGAMINE , AND M. KAWASE . 2005 . Desenvolvimento de um conjunto de germoplasma para investigação da diversidade do arroz baseado em RFLP. Breeding Science 55 : 431 - 440 .

KOO , B. , P. G. PARDEY , AND B. D. WRIGHT . 2002 . Dotar o futuro colheitas: The long-term costs of conserving genetic resources at the CGIAR Centers (Os custos a longo prazo da conservação dos recursos genéticos nos Centros CGIAR). Um relatório preparado para o Programa de Recursos Genéticos de todo o Sistema CGIAR pelo Instituto Internacional de Investigação sobre Políticas Alimentares (IFPRI) em colaboração com a Universidade da Califórnia, Berkeley. Sítio Web http://www.sgrp.cgiar.org/?q=node/657

[acedido em 16 de dezembro de 2011].

KOVACH , M. J. , M. N. C ALINGACION , M. A. FITZGERALD , AND S. R. MCCOUCH . 2009 . A origem e a evolução da fragrância no arroz (Oryza sativa L.). Proceedings of the National Academy of Sciences, USA 106 :14444 - 14449 .

LAHNER , B. , J. GONG , M. MAHMOUDIAN , E. L. SMITH , K. B. ABID , E. E. ROGERS , M. L. GUERINOT , ET AL . 2003 . Perfil à escala genómica de nutrientes e oligoelementos em Arabidopsis thaliana . Nature Biotechnology 21 : 1215 - 1221 .

LEGARRA , A. , E R. L. FERNANDO . 2009. Modelos lineares para mapeamento conjunto de QTLs de associação e ligação. Genética, Seleção, Evolução. 41 :43 - 60 .

LI , J. , J. XIAO , S. GRANDILLO , L. JIANG , Y. WAN , Q. DENG , L. YUAN , AND S. R. MCCOUCH . 2004 . Deteção de QTL para características de qualidade do grão de arroz utilizando uma população de retrocruzamento interespecífico derivada de arroz cultivado asiático (O. sativa L.) e africano (O. glaberrima S.). Genoma 47 : 697 - 704 .

LI , L. , K. LU , Z. CHEN , T. MU , Z. HU , AND X. LI . 2008 . A dominância, a sobredominância e a epistasia condicionam a heterose em dois híbridos heteróticos de arroz. Genetics 180 : 1725 - 1742 .

LORENZ , A. J. , S . CHAO , F. A SORO , E. L. HEFFNER , T. HAYASHI , H. IWATA , K. P. SMITH , M . E. SORRELLS , E J. L. J ANNICK . 2011 . Seleção genómica no melhoramento vegetal: Conhecimentos e perspectivas. Avanços em Agronomia 110 : 77 - 123 .

MACKAY , M. C. , E K. A. STREET . 2004. Focused identifi cation of germplasm strategy - FIGS. In C. K. Black, J. F. Panozzo, and G. J. Rebetzke [eds.], Cereals 2004: Proceedings of the 54th Australian Cereal Chemistry Conference and the 11th Wheat Breeders' Assembly, 138 - 141, 2004, Camberra, Australian Capital Territory. Instituto Real Australiano de Química, Melbourne, Austrália.

MARRI , P. R. , N. SARLA , L. V. REDDY , AND E. A. SIDDIQ . 2005 . Identificação e mapeamento de QTLs relacionados com o rendimento e o rendimento de um acesso indiano de Oryza rufipogon. BMC Genetics 6 : 33 - 47.

MCCOUCH , S. R. , M. SWEENEY , J. LI , M. THOMSON , E. SEPTINGSIH, J.EDWARDS , P. M ONCADA , E T AL . 2007 . Através do gargalo genético: O. rufipogon como fonte de alelos melhoradores de características para O.

sativa. Euphytica 154 : 317 - 339 .

MCCOUCH , S. R. , K. ZHAO , M. WRIGHT , C. W. TUNG , K. EBANA , M. THOMSON , A. REYNOLDS , ET AL . 2010 . Desenvolvimento de ensaios SNP para todo o genoma do arroz. Breeding Science 60 : 524 - 535 .

MCGREGOR , C. E. , R. VAN TREUREN , R. HOEKSTRA , E T. J. L. VAN HINTUM .2002 . Análise do germoplasma de batata selvagem da série Acaulia com AFLPs: Implicações para a conservação ex situ. Genética Teórica e Aplicada 104 : 146 - 156 .

MCMULLEN , M. D. , S. KRESOVICH , H. S. VILLEDA , P. BRADBURY , H.

LI , Q. SUN , S. FLINT-GARCIA , ET AL . 2009 . Propriedades genéticas da população de mapeamento de associação aninhada do milho. Science 325 : 737 - 740 .

MCNALLY , K. L. , K. L. CHILDS , R. BOHNERT , R. M. DAVIDSON , K. ZHAO , V. J. ULAT , G. ZELLER , ET AL . 2009 . SNP em todo o genoma revela relações entre variedades autóctones e variedades modernas de arroz. Actas da Academia Nacional das Ciências, EUA 106 : 12273 - 12278 .

METZKER , M. L. 2010 . Tecnologias de sequenciação - A próxima geração. Nature Reviews. Genetics 11 : 31 - 46 .

MEYER , K. M. , e J. H. J. LEVEAU . 2011 . Microbiologia da filosfera: Um parque de diversões para testar conceitos ecológicos. Oecologia.

MIKAMI , I. , N. UWATOKO , Y. IKEDA , H. YAMAGUCHI , H. Y. HIRANO,

Y.SUZUKI , E Y. SANO . 2008 . Diversificação alélica no locus ux em variedades autóctones de arroz asiático. Theoretical and Applied Genetics 116 :979 - 989 .

MILLER , F. R. 1979 . Utilização de germoplasma introduzido em programas de melhoramento de culturas. Em Actas da reunião anual da Sociedade Americana de Agronomia, Fort Collins, Colorado, EUA, 1979.

MOLINA , J. , M. SIKORA , N. GARUD , J. M. FLOWERS , S. RUBINSTEIN, A.

REYNOLDS , P. HUANG , ET AL . 2011 . Provas moleculares de uma única origem evolutiva do arroz domesticado. Actas da Academia Nacional de Ciências, EUA.

MONCADA , M . P. , C. P. M ARTÍ NEZ , J. TOHME , E. GUIMARAES , M . C HATEL , J. BORRERO , H. GAUCH , AND S. R. MCCOUCH . 2001 . Loci de características quantitativas para rendimento e componentes de rendimento numa população Oryza sativa × Oryza rufipogon BC2F2 avaliada num ambiente de terras altas. Genética Teórica e Aplicada 102 : 41 - 52 .

MUNROE , D. J. , E T. J. R. HARRIS . 2010 . Fogos de artifício de sequenciação de terceira geração em Marco Island. Nature Biotechnology 28 : 426 - 427 .

NGUYEN , B. D. , D. S. BRAR , B. C. BUI , T. V. NGUYEN , L. N. PHAM , AND H. T. NGUYEN . 2003 . Identificação e mapeamento do QTL para tolerância ao alumínio introduzido da nova fonte, Oryza rufipogon Griff., em arroz indica (Oryza sativa L.). Genética Teórica e Aplicada106 : 583 - 593 .

ONDOV , B. D. , A. VARADARAJAN , K. D. PASSALACQUA , AND N. H.

BERGMAN .2008 . Mapeamento eficiente da sequência SOLiD Redata da Applied Biosystems para um genoma de referência para aplicações genómicas funcionais.

Bioinformática (Oxford, Inglaterra) 24 : 2776 .

PLUCKNETT , D. L. , N. J. H. SMITH , J. T. WILLIAMS , AND N. M.

ANISHETTY . 1987 . Gene banks and the world's food. Princeton University Press, Princeton, Nova Jersey, EUA.

POLLAK , L. M. 2003 . A história e o sucesso do projeto público-privado de melhoramento de germoplasma de milho (GEM). Avanços em Agronomia 78 : 45 - 87 .

POLLINGER , J. P. , C. D. BUSTAMANTE , A. FLEDEL-ALON , S. SCHMUTZ ,

M. M. GRAY , AND R. K. WAYNE . 2005 . Mapeamento seletivo de genes com grandes efeitos fenotípicos. Genome Research 15 : 1809 - 1819 .

CONSÓRCIO PARA A SEQUENCIAÇÃO DO GENOMA DA BATATA . 2011 . Sequência do genoma

e análise do tubérculo da batata. Nature 475 : 189 - 197 .

QIU , D. , J. XIAO , W. XIE , H. LIU , X. LI , L. XIONG , AND S. WANG . 2008 .

Rede de genes do arroz inferida a partir do perfil de expressão de plantas que sobreexpressam OsWRKY13 , um regulador positivo da resistência a doenças. Planta Molecular 1 : 538 - 551 .

RAFALSKI , S. 2002 . Aplicações dos polimorfismos de nucleótidos únicos na genética das culturas. Current Opinion in Plant Biology 5 : 94 - 100 .

RAM Í REZ-VILLEGAS , J. , C. KHOURY , A. JARVIS , D. G. DEBOUCK , AND

L. GUARINO . 2010 . Uma metodologia de análise de lacunas para a recolha de pools genéticos de culturas: Um estudo de caso com feijão Phaseolus. PLoS ONE 5: e13497.

RICHARDS , C. L. , O. BOSSDORF , AND M. PIGLIUCCI . 2010 . Que papel desempenha a variação epigenética hereditária na evolução fenotípica? Bioscience 60 : 232 - 237 .

ROSTOKS , N. , L. RAMSAY , K. MACKENZIE , L. CARDLE , P. R. BHAR , M. L. ROOSE , J. T. SVENSSON , ET AL . 2006 . A história recente de cruzamentos artificiais facilita o mapeamento de associações de todo o genoma em variedades de culturas consanguíneas de elite. Actas da Academia Nacional das Ciências, EUA 103 : 18656 - 18661 .

RUBENSTEIN , K. D. , M. SMALE , AND M. P. WIDRLECHNER . 2006 .

A procura de recursos genéticos e o sistema nacional de germoplasma vegetal dos EUA. Crop Science 46 : 1021 - 1031 .

SACKVILLE HAMILTON , R. , J. ENGELS , AND T. VAN HINTUM . 2003 .

Racionalização da gestão de bancos de genes. Em J. M. M. Engels e L. Visser [eds.], A guide to effective management of germplasm collections, IPGRI handbooks for gene banks no. 6, 84 - 86. Instituto Internacional de Recursos Genéticos Vegetais, Roma, Itália.

SALMON , A. , M. L. AINOUCHE , AND J. F. WENDEL . 2005 . Genética e consequências epigenéticas da hibridação recente e da poliploidia em Spartina (Poaceae). Molecular Ecology 14 : 1163 - 1175 .

SANYAL , A. , J. S. S. AMMIRAJU , F. LU , Y. YU , ET AL . 2010 . As comparações ortólogas da região Hd1 entre géneros revelam a labilidade do gene Hd1 em espécies diplóides de Oryza e perturbações da microssintonia no sorgo. Molecular Biology and Evolution 27 : 2487 - 2506 .

SARLA , N. , E B. P. MALLIKARJUNA SWAMY . 2005 . Oryza glaberrima: A

para o melhoramento de Oryza sativa . Ciência Atual 89 : 955 - 963 .

SEPTININGSIH , E. , J. PRASETIYONO , E. LUBIS , T. H. TAI , T. TJUBARYAT , S. MOELJOPAWIRO , AND S. R. MCCOUCH . 2003. Identificação de loci de características quantitativas para o rendimento e componentes do rendimento numa população de retrocruzamento avançado derivada da variedade IR64 de Oryza sativa e do parente selvagem O. rufipogon. Theoretical and Applied Genetics 107: 1419 - 1432. SGRP [Programa de Recursos Genéticos do Sistema. 2011 . Relatório da 21.ª reunião do Grupo de Trabalho Intercentros sobre Recursos Genéticos [ICWG- GR], Bali, Indonésia, 2011. Sítio Web http://www.sgrp.cgiar.org/ [acedido em 22 de dezembro de 2011].

SHINOZAKI , K. , E K. YAMAGUCHI-SHINOZAKI . 2007 . Redes de genes envolvidos na resposta e tolerância ao stress da seca. Journal of Experimental Botany 58 : 221 - 227 .

SOLTIS , D. E. , V. A. ALBERT , V. SAVOLAINEN , K. HILU , Y. L. QIU , M.

W.CHASE , J. S. FARRIS , ET AL . 2004 . Dados à escala do genoma, relações entre angiospérmicas e "incongruência final": um conto de advertência em filogenética. Trends in Plant Science 9 : 477 - 483 .

SPOONER , D. , R. VAN TREUREN , AND M. C. DE VICENTE . 2005 .

Marcadores moleculares para a gestão de bancos de genes. Boletim Técnico do IPGRI no.

10. Instituto Internacional dos Recursos Fitogenéticos, Roma, Itália.

STAUB , J. E. , F. DANE , K. REITSMA , G. FAZIO , E A. LOPEZ-SESE .

2002 Formação de matrizes de teste e de uma coleção principal em pepino utilizando dados fenotípicos e de marcadores moleculares. Journal of the American Society for Horticultural Science 127 : 558 - 567 .

STREET , K. , M. MACKAY , O. MITROFANOVA , J. KONOPKA , M. EL

BOUHSSINI , N. KAUL , E E. ZUEV . 2008 . Nadar na piscina genética

- Uma abordagem racional para a exploração de grandes colecções de recursos genéticos. R. Appels, R. Eastwood, E. Lagudah, P. Langridge, M. Mackay, L. McIntyre, e

P. Sharp [eds.], Proceedings of the 11th International Wheat Genetics Symposium, Brisbane, Australia, 2008, 1 - 4. Sydney University Press, Sydney, Austrália.

SWEENEY , M. T. , M. J. THOMSON , Y. G. CHO , Y. J. PARK , S. H. WILLIAMSON , C. D. BUSTAMANTE , AND S. R. MCCOUCH . 2007 . Disseminação global de uma única mutação que confere o pericarpo branco no arroz. PLOS Genetics 3 : e133 .

TAKAHASHI , Y. , K. M. TESHIMA , S. YOKOI , H. INNAN , AND K.

SHIMANOTO . 2009 . As variações nas proteínas HD1, nos promotores HD3A e nos níveis de expressão de EHD1 contribuem para a diversidade da época de floração no arroz cultivado. Actas da Academia Nacional das Ciências, EUA 106 : 4555 - 4560.

TAKANO-KAI , N. , H. JIANG , T. KUBO , M. SWEENEY , T. MATSUMOT, H. KANAMORI , B. PADHUKASAHASTAM , ET AL . 2009 . Evolução história do GS3 , um gene que confere o comprimento do grão no arroz. Genetics 182 : 1323 - 1334 .

TANG , T. , J. LU , J. HUANG , J. HE , S. R. MCCOUCH , Y. SHEN , Z. KAI , M.

D. PURUGGANAN , S. SHI , AND C. I. WU . 2007 . Variação genómica no arroz: génese de blocos de ligação altamente polimórficos durante a domesticação. PLOS Genetics 2 : e199 .

TANKSLEY , S. D. , E S. R. MCCOUCH . 1997 . Bancos de sementes e mapas moleculares: Unlocking genetic potential from the wild. Science 277 : 1063 - 1066 .

TANKSLEY , S. D. , E J. C. NELSON . 1995 . Análise avançada de QTLs em retrocruzamentos: Um método para a descoberta e transferência simultânea de QTLs valiosos de germoplasma não adaptado para linhas de seleção de elite. Theoretical and Applied Genetics 92 : 191 - 203 .

THOMSON , M. J. , T. TAI , A. MCCLUNG , X.-H. XAI , M. HINGA , K. LOBOS ,

Y. XU , ET AL . 2003 . Mapeamento de loci de características quantitativas para rendimento, componentes de rendimento e características morfológicas numa população de retrocruzamento avançado entre Oryza rufipogon e a cultivar Oryza sativa Jefferson. Theoretical and Applied Genetics 107 : 479 - 493 .

THOMSON , M. J., K. ZHAO , M. WRIGHT , K. L. MCNALLY , J. REY , C. W.

TUNG , A. REYNOLDS , ET AL. 2011. Genotipagem SNP de alto rendimento para aplicações de melhoramento em arroz utilizando a plataforma BeadXpress. Molecular Breeding DOI: 10.1007/s11032-011-9663-x.

TIAN , F. , D. J. LI , Q. FU , Z. F. ZHU , Y. C. FU , X. K. WANG , AND C. Q.

SUN . 2006 . Construção de linhas de introgressão com segmentos de arroz selvagem (Oryza rufipogon Griff.) em arroz cultivado (Oryza sativa L.) e caraterização dos segmentos introgressados associados a características relacionadas com o rendimento.
Genética Teórica e Aplicada 112 : 570 - 580 .

TIAN , Z. , T. YU , F. LIN , Y. YU , P. J. SANMIGUEL , R. A. WING , S. R.

MCCOUCH , J. MA , E S. A. JACKSON . 2011 . Labilidade excecional de um complexo genómico no arroz e nos seus parentes próximos revelada por comparação interespecífica e intraespecífica e análise populacional. BMC Genomics 12 : 142 .

TUNG , C. W. , K. ZHAO , M. WRIGHT , L. ALI , J. JUNG , J. KIMBALL , W. TYAGI , M. THOMSON , ET AL . 2010 . Desenvolvimento de uma plataforma de investigação para dissecar associações fenótipo-genótipo em arroz

(Oryza spp.). Rice 3 : 205 - 217 .

UPADHYAYA , H. D. , K. N. REDDY , M. IRSHAD AHMED , AND C. L. L. GOWDA . 2009 . Identificação de lacunas geográficas no germoplasma de milho-miúdo conservado no banco de germoplasma do ICRISAT da África Ocidental e Central. Recursos Genéticos Vegetais; Caracterização e Utilização 8 : 45 - 51 .

VAN DER HEIJDEN , M. G. A. , R. D. BARDGETT , AND N. M. VA STAALEN .2008 . A maioria invisível: Os micróbios do solo como factores de diversidade e produtividade das plantas nos ecossistemas terrestres. Ecology Letters 11 : 296 - 310 .

VAN DE WIEL , C. C. M. , T. SRETENOVI Ć RAJI ČI Ć , R. V AN TREUREN , K. J. DEHMER , C. G. VAN DER LINDEN , E T. J. L. VAN HINTUM .

2010 . Distribuição da diversidade genética em populações europeias selvagens de alface-de-cheiro (Lactuca serriola): Implicações para a gestão dos recursos genéticos vegetais. Recursos Genéticos Vegetais; Caracterização e Utilização 8 : 171 - 181 .

VAN HINTUM . T. J. L., A. H. D. Brown, C. Spillane, e T. Hodgkin. 2000 . Colecções principais de recursos genéticos vegetais. Boletim Técnico do IPGRI n.º 3.

Instituto Internacional dos Recursos Fitogenéticos, Roma, Itália.

VAN HINTUM , T. J. , E R. VAN TREUREN . 2002 . Marcadores moleculares: ferramentas para melhorar a eficiência dos bancos de genes. Cellular & Molecular Biology Letters 7 : 737 - 744 .

VAN HINTUM , T. J. L. 2003 . Caracterização molecular de uma coleção de germoplasma de alface. Em T. J. L. van Hintum, A. Lebeda, D. Pink, and J. W. Schut [eds.], Eucarpia leafy vegetables. Sítio Web http://www. leafyvegetables.nl/download/17_099-104_Hintum.pdf [acedido em 14 de novembro de 2011].

VAN HINTUM , T. J. L. , C. M. M. V AN DE WIEL , D. L. VISSER , R. V AN TREUTEN , E B. VOSMAN . 2007 . A distribuição da diversidade genética numa coleção de bancos de genes de Brassica oleracea relacionada com os efeitos da regeneração na diversidade, medida com AFLPs. Theoretical and Applied Genetics 114 : 777 - 786 .

VAN TREUREN , R. , J. W. BOUKEMA , E. C. DE GROOT , C. C. M. VAN DE WIEL , AND T. J. L. VAN HINTUM . 2010 . Redução da redundância assistida por marcadores numa coleção de alface cultivada de um banco de genes. Plant Genetic Resources; Characterization and Utilization 8 : 95 - 105 .

VAN TREUREN , R. , A. MAGDA , R. HOEKSTRA , E T. J. L. VAN

HINTUM . 2004 . Aspectos genéticos e económicos da redução da redundância assistida por marcadores numa coleção de germoplasma de batata selvagem. Genetic Resources and Crop Evolution 51 : 277 - 290 .

VENUPRASAD , R. , M. E. BOO1, L. QUIATCHOn , M. T. STA CRUZ , M.

AMANTE , e G. N. ATLIN . 2011a . Um QTL de grande efeito para o rendimento de grãos de arroz sob stress de seca em terras altas no cromossoma 1. Molecular Breeding .

VENUPRASAD , R. , S. IMPA , R. P. VEERESH GOWDA , G. N. ATLIN , E R. SERRAJ . 2011b . Linhas quase isogénicas (NIL) de arroz contrastantes para o rendimento de grãos sob stress de seca em terras baixas. Field Crops Research 123 : 38 - 46 .

WHIPPS , J. M., P. HAND , D. PINK , e G. D. BENDING . 2008. Phyllosphere microbiology with special reference to diversity and plant genotype (Microbiologia da filosfera com especial referência à diversidade e ao genótipo da planta). Journal Applied Microbiology 105: 1744 - 1755.

WILLOCQUET , L. , M. NOEL , R. SACKVILLE HAMILTON , E S.

SAVARY . 2011 . Suscetibilidade do arroz ao míldio da bainha: Uma avaliação da diversidade do germoplasma de arroz de acordo com grupos genéticos e características morfológicas. Euphytica Online First, 21 de maio de 2011 doi. Sítio Web http://www. springerlink.com/content/0120283n18gn3717/fulltext.pdf [acedido em 17

novembro de 2011].

WIDRLECHNER , M. P. 1997 . Ferramentas de gestão para a regeneração de sementes. Variedades Vegetais e Sementes 10 : 185 - 193 .

WIDRLECHNER , M. P. , AND L. A. BURKE . 2003 . Análise dos padrões de distribuição de germoplasma das colecções existentes na North Central Regional Plant Introduction Station, Ames, Iowa, EUA. Genetic Resources and Crop Evolution 50 : 329 - 337 .

XIAO , J. , J. LI , S. GRANDILLO , S. AHN , L. YUAN , S. TANKSLEY , AND S.

R. MCCOUCH . 1998 . Identificação de alelos de loci de características quantitativas melhoradores de características de um parente do arroz selvagem, Oryza rufipogon . Genetics 150 :

XIE , X. , M. H. SONG , F. JIN , S. N. AHN , J. P. SUH , H. G. HWANG , AND S.

R. MCCOUCH . 2006 . Mapeamento fino de um locus de características quantitativas do peso do grão no cromossoma 8 do arroz utilizando linhas quase isogénicas derivadas de um cruzamento entre Oryza sativa e Oryza rufipogon . Genética Teórica e Aplicada 113 : 885 - 894 .

XIE , X. , M. H. SONG , J. P. SUH , H. G. HWANG , Y. G. KIM , S. MCCOUCH ,

E S. N. AHN . 2008 . Mapeamento fino de um grupo de QTLs de aumento de rendimento associado à variação transgressiva num cruzamento Oryza sativa × O. rufipogon. Theoretical and Applied Genetics 116 : 613 - 622 .

XU , J. , Q. ZHAO , P. DU , C. XU , B. WANG , Q. FENG , Q. LIU , S. TANG , M.

GU , B. HAN , AND G. LIANG . 2010. Desenvolvimento de linhas de substituição de segmentos cromossómicos genotipados de elevado rendimento com base na re-sequenciação do genoma completo da população de arroz (Oryza sativa L.). BMC Genomics 11: 656.

Xu , X. , X. Liu , S. Ge , J. D. Jenson , F. Hu , X. Li , Y. Dong , et al. 2011 . A re-sequenciação de 50 acessos de arroz cultivado e selvagem produz marcadores para a identificação de genes agronomicamente importantes. Natureza Biotecnologia.

YAMAMOTO , T. , H. NAGASAKI , J. YONEMARU , K. EBANA , M.

NAKAJIMA , T. SHIBAYA , AND M. YANO . 2010 . Definição fina dos haplótipos de pedigree de cultivares de arroz estreitamente relacionadas através da descoberta de polimorfismos de nucleótido único em todo o genoma. BMC Genomics 11 : 267 - 281 .

YAMAMOTO , T. , J. YONEMARU , AND M. YANO . 2009 . Em direção ao compreensão de características complexas no arroz: Substancialmente ou superfi cialmente? DNA Research 16 : 141 - 154 .

YAN , W. , J. N. RUTGER , R. J. BRYANT , H. E. BOCKELMAN , R. G. FJELLSTROM , M. H. CHEN , T. H. TAI , AND A. M. MCCLUNG . 2007 . Desenvolvimento e avaliação de um subconjunto essencial da coleção de germoplasma de arroz do USDA. Crop Science 47 : 869 - 878 .

YANG , H. , T. A. BELL , G. A. CHURCHILL , AND F. P. M. DE VILLENA . 2007 . Sobre a origem subespecífica do rato de laboratório. Nature Genetics39 : 1100 - 1107 .

YU , J. , G . PRESSPOIR , W . H. BRIGGS , I. V. BI , M . Y AMASAKI , J. F. D OEBLEY , M. D. MCMULLEN , ET AL . 2005 . Um método unificado de modelos mistos para o mapeamento de associações que considera múltiplos níveis de parentesco. Nature Genetics 38 : 203 - 208 .

ZAMIR , D. 2001 . Melhorar o melhoramento de plantas com bibliotecas genéticas exóticas. Nature Reviews. Genetics 2 : 983 - 989 .

ZHAO , K. , C. W. TUNG , G. EIZENGA , M. H. WRIGHT , M. L. ALI , A. H. PRICE , G. J. NORTON , ET AL . 2011 . O mapeamento de associações ao nível do genoma revela uma arquitetura genética rica de características complexas em Oryza sativa . Nature Communications 2 : 467 .

ZHAO , K. , M. H. WRIGHT , J. KIMBALL , G. EIZENGA , A. MCCLUNG , M. KOVACH , W. TYAGI , ET AL . 2010 . A diversidade genómica e a introgressão em O. sativa revelam o impacto da domesticação e do melhoramento no genoma do arroz. PLoS ONE 5 : e10780 .

ZHU , C. , M. GORE , E. S. BUCKLER , AND J. YU . 2008 . Estado e perspectivas da cartografia de associação em plantas. Plant Genome 1 : 5 - 20 .

ZOU , X. H. , F. M. ZHANG , J. G. ZHANG , L. L. ZANG , L. TANG , J. WANG ,T. SANG , AND S. GE . 2008 . A análise de 142 genes resolve a rápida diversificação do género do arroz. Biologia do Genoma 9 : R49 .

I want morebooks!

Buy your books fast and straightforward online - at one of world's fastest growing online book stores! Environmentally sound due to Print-on-Demand technologies.

Buy your books online at
www.morebooks.shop

Compre os seus livros mais rápido e diretamente na internet, em uma das livrarias on-line com o maior crescimento no mundo! Produção que protege o meio ambiente através das tecnologias de impressão sob demanda.

Compre os seus livros on-line em
www.morebooks.shop

Printed by Books on Demand GmbH, Norderstedt / Germany